李昕什

酱油

独有的中国味道

李昕升 著

江西科学技术出版社
江西·南昌

图书在版编目（CIP）数据

酱油：独有的中国味道 / 李昕升著. -- 南昌：江西科学技术出版社, 2024. 11. -- ISBN 978-7-5390-9302-4

Ⅰ. TS264.2-49

中国国家版本馆CIP数据核字第2024CM9409号

酱油：独有的中国味道
JIANGYOU : DUYOU DE ZHONGGUO WEIDAO

李昕升 著

出版发行	江西科学技术出版社
社址	南昌市蓼洲街2号附1号 邮编：330009　电话：(0791)86623491　86639342(传真)
印刷	江西千叶彩印有限公司
经销	全国新华书店
开本	720 mm × 1000 mm　1/16
印张	18
字数	200千字
版次	2024年11月第1版
印次	2024年11月第1次印刷
书号	ISBN 978-7-5390-9302-4
定价	88.00元

国际互联网（Internet）地址：http://www.jxkjcbs.com　选题序号：ZK2024408　赣版权登字：-03-2024-272

策划编辑：章华荣　责任编辑：魏栋伟　左　灿　装帧设计：傅司晨

『打酱油』与饮食偏好

“民以食为天”，这句古语深刻揭示了食物对人类生存的重要性。关心食物，不仅是关注我们的一日三餐，更是守护我们的健康与未来。

未亲身经历过饥饿年代，不知食物之重要。我是六零后生人，小时候几乎家家不够吃，“保障供给”只是刷在墙上的口号。好在赶上改革开放，仅仅过了一代人，局面大变，这真是世界史上的一个奇迹。对于一个十亿人口的大国，这非常不容易。到我女儿这一代，食物已变得十分充裕。女儿小的时候，我作为家长，习惯于一个劲地让她多吃能得到的“好东西”，生怕亏待了孩子。有一天，她略带怨气地说：“爸，你还停留在吃上！”这话把我一下噎住了。哇，还是你境界高。我心想，饿你几天，让你感受一下！跟女

儿辩解一下吧，三言两语不可能解释得清楚。我说："你长大就会明白了。"

李昕升，圈内称"南瓜博士"，因为他曾经专门研究南瓜的历史，出版了专著《中国南瓜史》（2017年），引起学界关注，我也推荐给做博物学文化史研究的学生。作为科学史、农学史学者，他一方面撰写研究论文和专著，出版过《明清以来美洲粮食作物经济地理研究》（2022年）；另一方面也不忘记为大众创作界面友好的普及性读物，出版过《食日谈：餐桌上的中国故事》（2023年）。其实学者就应当这样，钱学森曾不止一次地强调学者有义务进行学术传播。但在激励机制不佳的状况下，愿意做传播并能做好的不多。

史学界对"物"的关注远不如考古学界，但近几十年情况有好转。如今，学者（不限于专门做历史学研究的）对"物"，特别是对食物、污染物、人造器物，展开了多层面的研究。著名玩家、中国式博物学家的代表王世襄研究明式家具、鸽哨、漆器等，令人大开眼界。酱油也是物，属于液体、流体物质，可以与之相比的除了茶就是万能的酒了！关注茶和酒的，多到不可胜数，出版物也鱼龙混杂。与茶、酒相比，酱油地位似乎低了点儿，俗语“打酱油的”意思是“从事非重要工作的人”。可是普通百姓，将三者作比较，酱油恐怕要排第一位。某种意义上它是日常饮食，生活的第一需要，是必备的，而茶和酒是锦上添花，非必备的。走进中国北方县城、村镇，几乎任意一家小饭馆，桌子上都会放着食客可自由取用的小小的酱油瓶和醋瓶，偶尔还有盐罐、胡椒瓶、大蒜。酱油瓶仿佛某种logo，镜头中只要出现这东西，就能猜到测要么是在中国，要么在某国华人社区。当然，也没么绝对，亚洲诸多国家的人们也食用酱油，只不过与我们的有所不同。究竟有何不同？我也尝过韩国、日本、泰国、越南类似酱油的调味品，除了颜色、口味和道听途说的制作手法外，说不出太多靠谱的内容。

关于酱油的历史，普通人知道得确实不多。既然可以有《罗马帝国衰亡史》《民国青楼秘史》《香草文化史》，也可以有《中国酱油史》。本书从醢（读hǎi）、酱等汉字入手，展开中国酱油史的写作，一直写到酱油的工业化生产和品牌营销。我有机会提前阅读稿件，收获很大。

我并非农史、食物史专家，昕升嘱我写序，可能只是听到了我近些年对“博物之学”的吆喝。一位哲学工作者讨论上帝、真理、论证、逻辑、理性、自由、正义等抽象概念很正常了，关注一下自然物、人工物似乎就不太正常。感谢北京大学的宽容，用近二十年时间，我们把博物学文化吆喝成了气候，当然只是小气候，算是赶上了好时代。人文学者关心“物”，会被老一代人瞧不起，尤其是眼睛总是朝天的唯理论者、唯心论者。但时代毕竟不同了，全球史、文化史、环境史、生活史、博物学文化研究等，打破了形而上与形而下的人为割裂，也冲破了画地为牢的学科划分。如今，动物认知、昆虫哲学、哲学博物学也不是什么怪事。

酱油是什么？对于一定的群体（并非广博到全球各种文化之人群）大致有定论，对于个体则不确定性因素很大。最近几年，某酱油“晒足”多少天的广告，或许能影响一代人，暗示酱油都是在怎样的环境下生产出来的。“媒介即信息”，个体首次通过某媒介或实际接触某物获得的印象，相当关键，一旦形成难以更改。某些人怕数学、怕蛇、怕榴莲，可能也如此。在东北某地读小学时，有一天我和同学在玩耍中，不自觉地溜进了当地的一家酱油厂。目睹了当时大酱和酱油糟糕的生产过程，那里臭气熏天，恶心至极，从此我不再吃大酱、酱油。在我家乡，每家按照节气自己“下酱”，即生产大酱，自给自足，不对外销售。炒豆、煮豆、制曲、加盐以及最后“下酱”都是母亲一代亲自操作。我清晰地记得，要加五味子藤，一是味道更好，二是可以防腐。这说明我原本是吃自家所做大酱的。那个“事件”之后，一切都改变了。那时，白酒、酱油在公销社、小卖店出售，皆为散装，与现在的瓶装完全不同。售货员用钢制的“提篓儿”（液体体积的量具，也称“提子”“端子”“吊子”）打酱油，记得有一斤、半斤和一两的“提篓儿”。因为液体密度不同，打酒的与打酱油的“提篓儿”不能混用。同一量具，慢打和快打、平打和斜打，实际体积颇有些差异。到小卖店打酱油，经常看到液体表面漂浮着再次发酵的白沫，味道绝对算不上好闻。东北人日常餐食经常有大酱，我则一口不动，引来家人训斥和同学嘲笑。直到考上大学，来到北京，接触了高质量的酱油，发现酱油竟然如此好吃，才恢复食用。放暑假回老家，你猜我带了什么回去？一瓶醋一瓶酱油！但大酱还是不吃的。说句不好听的，这叫“毛病”或叫“格路”。但有此“毛病”的人也不少。小时候偶然受到的刺激，确实可以影响到一个人对食物的偏好、选择。再举一例，我第一次吃到的大个头的猕猴桃（不是东北野生的小个头的软枣子），味道非常怪，难吃极了。后来得知大概是果子不成熟时就摘了，出售时已接近腐烂。我便以为商品化的、被吹上天的猕猴桃都这个味道，便总躲着它。好多年后，不经意间吃到了正常的大个头的猕猴桃，包括许多品种，完全更正了“首食”的恶劣印象。

酱油为何是一种美味？古人会制作、使用各种发酵食品，却不甚了解其道理，至少他们说不出一组现代科学名词。有了现代科学，特别是微生物学，秘密才逐步揭开。回头看，古人通过试错法找到了恰当方案——“豆类+谷类”是非常科学的组合。前者主要提供蛋白质、氨基酸，后者主要提供葡萄糖和生化反应的能量，酿造过程中酵母（yeast）扮演着重要角色。酵母是一种真菌，也是一种催化剂。通常所说的蘑菇也是一种真菌，只不过是“大型”真菌。离开酵母，食品工业寸步难行，如今天的酸奶、面包、啤酒、葡萄酒都与酵母发酵有关。

化学、生物化学、微生物学、蛋白质学、食品科学等，对于理解酱油品质至关重要，广告宣传也尽可能地科学化了，比如瓶装酱油一般要标出“氨基酸态氮”含量（每百毫升含多少克），但它们合起来依然不充分。许多年前，我在中国科学院化学研究所所长胡亚东先生家，聊植物、食物和摄影，先生提及他们对白酒进行了光谱测定，各种白酒的光谱特征相差不大，但口味、质量却差别巨大，于是在科技时代“品酒”仍算是大学问。我猜想，酱油可能也有类似情况，即使化学成分相似，风味、品质也可以差别很大。那么以什么为最终评判标准？在保证生产质量的前提下，由消费者自己决定。现在还出现一个新问题：转基因作物大量涌现，这势必影响人们对酱油制品的印象。与天然大豆油不同，此时又进了一层，毕竟两类大豆的蛋白质是不同的。单纯摆事实、讲道理恐怕一时半会解决不了问题，好的办法是保持多样性，市场上保证供应各种酱油，清晰标明是否包含转基因成分，把选择权交给用户。持唯科学主义见解者可能会说，完全没必要，科学已经证明了什么什么。可是科学考虑问题的范围是有限的，相当多时候“短视”，事后看有时甚至是错误的。比如反应停事件，比如20世纪80年代关于中国人口的预测，更不用说关于三聚氰胺奶的多次检测。我没有反科学的意思，科学值得尊重。只是提醒，科学是人做出来的，它必然有出错的可能性。科学是我们这个时代智力、理性的标志，科学应当保持高的标准，主动接受人们的监督。

刘华杰

北京大学哲学系教授，新博物学倡导者

2024年2月3日于肖家河

导言

如果不了解中国的饮食文化，就很难把握中国文化的内核，人类学家、考古学家张光直曾言“要抵达文化的核心，取道胃部至少是最佳路径之一”，而酱油正是这一路径核心的研究对象。1919年，伊丽莎白·豪利·格罗夫（Elizabeth Howry Groff）在《中国广东酱油生产》开篇就说：“一个中国人在准备米饭、一些肉和蔬菜时，最重要的可能莫过于用来配菜的酱油了。”

“开门七件事，柴米油盐酱醋茶”。酱油，不仅在今天，在漫长的过去，均是人们日常饮食不可或缺的重要调味品，没有酱油的日常是今之国人无法想象的。作为国人的重要发明，酱油不仅在中国，在国外也产生了重大影响，早已是外国人眼中美味中餐的“秘密配方”。在日本等国家，酱油的地位甚至完全不逊色于在中国。今之中国酱油企业依然是“民族之光”。

酱油是以大豆、小麦或麦麸为主要原料，经微生物发酵制成的具有特殊色、香、味的液体调味品。其实，酱油的诞生与发展也经历了漫长的过程，从先秦的“醢（hǎi）醓（tǎn）”到汉代的“酱”；从汉代已有大豆制酱油的先例，到魏晋酱油制作工艺有了完整记载；从唐代开始，酱油的医药功能得到极大发展，到宋代已有“酱油”之名并逐渐成为主流词汇，再到明清时期酱油工艺臻于成熟。从日本酱油的异军突起，到酱油民族企业完全掌握全球话语权。酱油这一微末之物，诠释了一种美味是如何发展壮大并改写历史的。

你是否存在这有某些疑问：酱油究竟诞生于何时？关于酱油的神话传说有哪些？酱与酱油是什么关系？大豆、小麦在酱油酿造中扮演了怎样的角色？传统社会酱油是贵族调味品吗？“生抽”和“老抽”究竟是怎么一回事？中国酱油企业何以世界领先？晒足180天是什么梗？等等。本书将一一为你解答。

通过梳理各个历史时期关于酱油的故事，我们看到的不仅有种植技术、酿造技术，还有饮食文化、商品经济与消费社会。一部中国酱油史，就是一部人与自然

的互动史、人与社会的史诗。通过酱油这一极佳的切入点，可以从新角度了解中国历史的变迁。

本书的基本定位是立于纯学术之下、硬科普之上，打造学术性与趣味性的兼容的读物。有图有文，图生动而还原，文得体而不晦涩。与常见的专题式科普著作相比，本书围绕一个主题，一气呵成、新见迭出，连贯性、递进性较佳，但又不失学术的严谨与思辨。本书内容均系首次披露。

我们今天习以为常的食物，无不蕴含着大学问，它们大都是人们传承千年的智慧结晶。随着文化水平的提高，人们的阅读兴趣早已超越帝王将相、才子佳人的历史与故事，“吃吃喝喝”的历史提供了一种别开生面的新尝试。如果不了解中国食物，便很难触及中国历史的真正内核，了解中国食物的历史可以帮助我们在全球史观的视角下，审视中华文明是如何形成、发展和传播的。类似的专著，尤其历史文化科普，不是太多而是太少了。

希望本书的出版能够抛砖引玉。

目录

第一章　从“醢醢”到“酱油”，跨越4000年的寻味 / 001

第一节　“醢”，酱的祖先 / 003

“醢”的三重奏：祭祀、刑罚和美食 / 003

古人制醢：征服动物，享用动物 / 008

醢的制作：遗失在历史长河中的技艺 / 011

第二节　从肉酱到豆酱，荤菜变素菜 / 013

说文解“酱” / 013

酱的起源传说：神话的色彩，智慧的结晶 / 015

豆酱诞生记：西汉厨房的伟大创造 / 018

千年的技艺传承：此酱依旧在 / 020

第三节　《齐民要术》中的“酱” / 028

集中国农学之大成的《齐民要术》 / 028

《齐民要术》中的那些“酱” / 030

《齐民要术》于“酱史”的价值 / 032

第四节　酱的新形态：酱清 / 036

“酱清”的双重身份：主业调味，副业治病 / 036

酱清的工艺：缺失的记忆由清代来弥补 / 041

“曾用名”背后的故事：酱清变身酱油记 / 043

第二章　进击的酱油，舌尖上的工艺革命 / 047

第一节 殊途同归，酱油发展的双重路径 / 049

酱油由豆酱衍生而来 / 049

酱油另辟蹊径的发展之路 / 051

第二节 唐代前的作酱秘籍：探索自然，超越自然 / 054

魏晋前的自然探索：顺应天时，巧夺天工 / 054

唐代的作酱新风：我酱由我不由天 / 057

第三节 元明清时期：古法酿造酱油的雏形与巅峰 / 061

元明新气象：古法酿造酱油的雏形初现 / 061

清代百家争艳：揭秘古法酱油酿造的“私有配方” / 069

第四节 民国时期百花齐放：国酱油PK洋酱油 / 076

洋酱油在民国时期的发展 / 078

传统酱园与新式酱油厂“并驾齐驱” / 079

酱油技艺升级之“卫生酱油” / 081

特殊的“全华酱油厂” / 086

第三章　黄豆、小麦与酱的共同成就 / 093

第一节　世界大豆，源于中国 / 095

大豆驯化记：从野生到栽培的转变 / 095

向世界扩散，早期的谷物移民者 / 097

第二节　大豆的华丽转身：从主食到副食的蜕变 / 102

豆中之王：我国先民的安全感来源 / 102

地位变迁：大豆副食的“开挂之路” / 107

自然馈赠：大豆副食的美味传承 / 112

第三节　黄豆：酱与酱油的黄金搭档 / 116

官酱园“解锁”盐的限制 / 116

沿海黄豆市场贸易圈 / 118

全国性黄豆市场的“成型” / 121

黄豆的替代品豆饼 / 123

第四节　小麦：酱油的强悍辅助 / 125

小麦来咯：不被重视的客人 / 125

小麦上位：是偶然，也是必然 / 127

小麦在古代酱油酿造中的“角色” / 131

第四章 酱油视角下，中国古代居民的生活画卷 / 135

第一节 两宋变迁：大经济与小餐桌 / 137

宋代繁荣的饮食文化 / 137

林洪与《山家清供》 / 139

宋代日常生活离不开的酱油 / 143

第二节 元明发展：饮食文化日益繁荣 / 145

“柴米油盐酱醋茶”一语定型 / 145

享乐思潮下的美食文学 / 147

酱油地位的提高与“上色”酱油的出现 / 150

第三节 清代共食：天子与平民的“同款酱油” / 152

清代“菜谱” / 152

酱园经济 / 156

古代制作酱油工艺的顶峰 / 158

第四节 民国蜕变：传统手工业向现代制造业的迈进 / 167

千年传承与外来冲击的较量 / 167

实业救国，探寻酱油行业的出路 / 170

新专业之酱油制造法 / 173

第五章　中国酱油文化：烟火气与国际范 / 181

第一节　不是吃货的文人不是好文人 / 183

“酱油”，出道即巅峰 / 183

食谱的“古方今用” / 185

我国各菜系对酱油的“依赖” / 190

第二节　风俗民情的万花筒 / 193

“酱油豆腐干”的故事 / 193

曾国藩家书中的“酱油” / 194

《笑林广记》之“买酱醋” / 195

与“酱油”有关的那些事 / 196

第三节　酱油里的烟火气 / 199

俗语里的“酱油” / 199

万物皆可酱油，广东人与酱油的不解之缘 / 202

那些“非比寻常”的酱油 / 205

第四节　中国酱油的世界征途 / 208

日本酱油：源于中国，和食之魂 / 208

韩国特色：泡菜大酱才是真爱 / 218

东南亚本土化：打不过就加入 / 220

欧美风潮：与中餐并驾齐驱的酱油文化 / 223

第六章　广式酱油，中国酱油正宗味道的坚守 / 225

第一节　佛山酱园的故事与历史底蕴 / 227

茂隆酱园：源于明代万历年间的佛山第一家酱园 / 227

百花齐放：清代至民国的佛山酱园盛景 / 233

起伏跌宕：苦撑的佛山酱园 / 237

第二节　海天味业：酱油酿造现代化之路的集大成者 / 239

公私合营的浪潮，席卷佛山酱园 / 239

佛山酱油开启现代化的新征程 / 243

佛山酱油的王牌产品 / 245

第三节　拨乱反正：为酱油正身 / 249

配制酱油的“消失” / 249

食品添加剂是现代食品企业发展的重要基石 / 251

黄豆和酱油才是“官配” / 253

“广式酱油”的独特技艺——酿晒 / 256

第四节　坚守与重塑：佛山酱油企业的文化内核 / 258

“抽”的概念首创于佛山 / 258

传统酱园不得不说的习俗 / 261

工业旅游新潮范：来佛山，打酱油 / 264

现代酱油企业的精神内核 / 265

第一章

从「醓醢」到「酱油」，跨越4000年的寻味

元杂剧中有句台词——“开门七件事，柴米油盐酱醋茶”。中国人自古以来的饮食定式就由这七个字构造而成，本书谈的主角就是其中排行老五的“酱”。作为调味品，酱是“和之美者”，其背后蕴含着深刻的阴阳五行思想。千年来，它始终处于烹饪的焦点而被钻研出无数工艺；四千年间，它又是如何走下贵族的餐桌步入寻常百姓家，再发展到如今的无处不在的？我们从酱的源头掘起，一步步揭开它的“发家史”。

第一节 “醢”，酱的祖先

《左传》有一个故事特别有意思：“龙一雌死，潜醢以食夏后。”这里的“醢”，也就是肉酱，是说在公元前1879年的时候，从天而降了雌雄两条龙，夏朝国君让手下刘累畜养，七年之后雌雄双龙中的雌龙死了，刘累偷偷将雌龙做成醢给国君吃了。不曾想，国君觉得这醢真好吃，叫他再做。这下可坏了，刘累害怕龙死之事暴露，连夜跑路。

醢的美味，国君也无法抵挡，但它的出现不是因为古人很馋。除了饮食料理，它还有两大用途——祭祀和刑罚。中华先民制醢、用醢，往往有着深刻的人类学旨趣和哲学意味，虽说一切殊途，但最终都会同归于生命的最终奥义——吃饱饭。

“醢”的三重奏：祭祀、刑罚和美食

根据古代文献中对于酱的原料、形态、应用场景等的记载，笔者认为，醢是我国最早的酱。在古人的认知里，由动植物原料制成的糊状调味品均可称为酱。在这里简要提一下与醢同时期的，可被认为是“由动植物原料制成的糊状调味品”的另外三兄弟：醓、醯（xī）、菹（zū）。

醓在文献中不单独出现，均与醢连用为“醓醢”，泛指肉酱。“醓”在典籍又写作“肬”“䀋”“盜”，和“醢”是同义词，都是牲肉做成的

肉酱。

醢，常和醯连用，作“醯醢”，泛指祭祀用的所有酱类食品。醯实际上是多汁的肉酱类。作为调味品，虽然在应用场景上有重合，但醢和醯有着不同的烹饪效果。

菹，是目前来看唯一可与“醢”争夺“中国最早的酱”称号的食物。菹一般专指由植物原料制成的糊状调味品，多指切碎的腌菜、酸菜等，用于祭祀，往往与醢一同陈列。

醢作为一种酱，它的根本用途在于调味，在不同的应用场景中往往有着各种具体运用。“醢”在早期主要有三类用途：祭祀陈列、饮食料理以及作为一种刑罚。到了后来，醢甚至可以作为治病偏方，据说用猪、狗等的骨骸制成醢可以治腹病。

狗、彘、豚、鸡食其肉，敛其骸以为醢，腹病者以起。（《墨子·迎敌祠》）

这里主要介绍前三类用途。

（一）“醢”的祭祀秀：奉给神的贡品

“醢”字最早应该写作“盍（yòu）”，像人手持肉置于皿中，指祭祀时陈列肉品。《周礼·天官》介绍“内饔（yōng）官”时说“王举，则陈其鼎俎，以牲体实之，选百羞、酱物、珍物，以俟馈”，意思是说，选择各种美味、酱类和珍肴，来让膳夫（掌管宫廷饮食的官）馈送给王。

这里“陈其鼎俎，以牲体实之”的过程恰恰是对“盍”这个字的描述。“盇”（盍）就是把羹饪等食物盛放于器皿，表容

纳、盛放。

随着食品加工的演变，人们将酒等辅料加入肉中，所以在“㿌”的基础上增加“酉”这个偏旁，就有了“醯”字表示肉酱，再后来出于书写上的方便省去“皿”，进而有“醢”字。

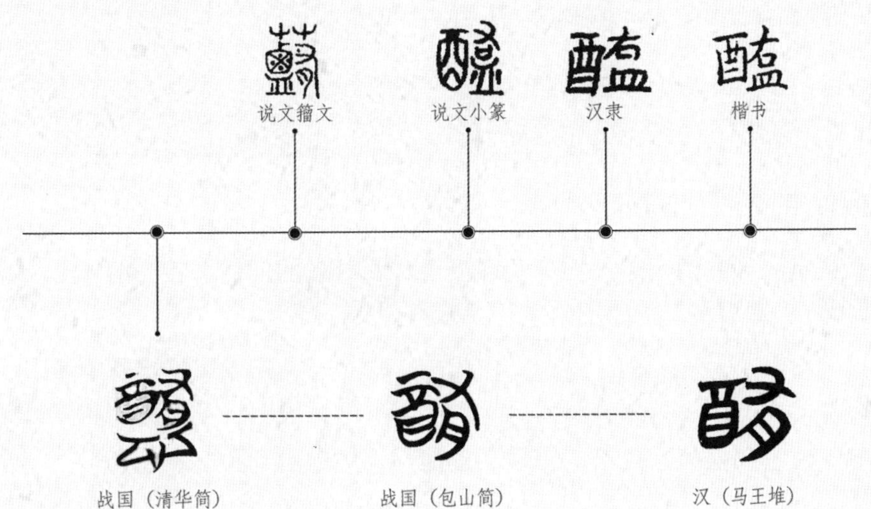

“醢”的字形演变

《周礼·天官冢宰》云“醢人掌四豆之实”，记载了九种在宗庙祭祀中和其他物品一起进献的‘醢’。

其实，不仅宗庙祭祀中用醢，昏礼（即婚礼）流程中的祭祀部分同样需要新妇进献脯醢。

此外，醢在祭祀中的使用是有许多规定的。

例如，醢不单独陈列，多与其他物品共同进献。譬如酒、菹等：

祭侯之礼，以酒脯醢。（《周礼·冬官·考工记下》）

在祭祀过程中，醢的进献由专人负责，女子幼时需要观摩学习醢的进献。

醢人：奄一人，女醢二十人，奚四十人。（《周礼·天官·冢宰上》）

女子十年不出，姆教婉娩听从……观于祭祀，纳酒浆、笾豆、菹醢，礼相助奠。（《礼记·内则》）

（二）“醢”的暗黑面：古代统治者的必备技能

醢，在《楚辞》中多指“醢刑”——杀人后将其制成肉酱，然后食用。这一释义也多见于《诗经》《礼记》《左传》等文献。这是一种专门用来处罚那些谋反者、弑君者的刑罚，在当时是最严厉的惩罚手段之一。

古人认为，吃掉俘虏，占有他的器官，征服他的灵魂，以防作祟，这不仅能显示自己的勇敢，也能最严厉地起到报复、惩罚的作用。[1]

昔者纣为无道，杀梅伯而醢之，杀鬼侯而脯之，以礼诸侯于庙。（《吕氏春秋·行论篇》）

说的是纣王暴虐无道，杀死梅伯，把他做成肉酱，杀死鬼侯，把他做成肉干，在宗庙里用来宴请诸侯。

我国古代与食有关的刑罚还有烹、脯等。在奴隶制时代，如何残忍地杀人，是统治者必须琢磨的一项技能。

1　高启安：《“醢”刑考辩——中国古代食人风习考察之二》，《甘肃社会科学》1993年第4期。

（三）吃货的“醢”想：古代干饭人的花样吃法

先民们难以抵挡肉酱的诱惑，发明了“醢”的花样吃法。

醢可以用来制作八珍中的炮、捣珍、淳熬等，如：

以上炮豚炮牂（zāng），调以醯醢，下渍亦食之以醢若醯，故知捣珍，和亦用醯醢。（《礼记·内则》）

可以用于炖汤、羹，如：

濡鸡醢酱实蓼（liǎo），濡鱼卵酱实蓼，濡鳖醢酱实蓼。（《礼记·内则》）

和如羹焉，水火醯醢盐梅，以烹鱼肉。（《礼记·内则》）

可以煎敷在稻、黍上，类似盖饭，口感软糯，如：

煎醢加于陆稻上，沃之以膏，曰淳熬。（《礼记·内则》）

欲濡肉，则释而煎之以醢。（《礼记·内则》）

还可以作为烤肉等熟食的蘸酱，如：

牛炙醢，牛胾（zì）醢，牛脍；羊炙，羊胾醢，豕（shǐ）炙醢，豕胾。（《礼记·内则》）

当然，醢也有搭配生肉食用的情况，如：

渍，取牛肉必新杀者，薄切之，必绝其理；湛诸美酒，期朝而食之以醢若醯（xī）醷（yì）。（《礼记·内则》）

当时酱的食用有一定礼仪，礼仪可分为三个维度：

一是醢的摆放。酱在宴席中居主位，其他餐食的摆放位置均以酱为参照物。

赞者设酱于席前，菹醢在其北。（《仪礼·士昏礼》）

二是醢的食用规矩。异食异酱——不同的食物蘸取不同酱料。吃猪肉块蘸用醢，吃鱼脍蘸用芥酱，又有脯羹，兔醢。麋肤，鱼醢。鱼脍，芥酱。

醢，豕胾（zì），芥酱，鱼脍。（《礼记·内则》）

三是醢的礼器规制。如醯酱是两豆，肉酱是四豆，六豆共用一巾遮盖。

醯酱二豆，菹、醢四豆，兼巾之；黍、稷四敦，皆盖。（《仪礼·士昏礼》）

古人制醢：征服动物，享用动物

一般认为，在秦汉以前，做酱所采用的原料几乎都是鱼类和肉类，而不是粮食作物。[2]

据文献记载，由不同肉所制成的“醢”也相应的具有不同的名称。例如，用鹿肉制成的酱叫做鹿醢，用獐肉制成的叫做獐醢，用兔肉制成的则叫做兔醢等。这里将制作“醢”的主体原料分为三种进行介绍。

第一种，从食物来源看，制作“醢”所用的肉可分为豢养动物和野生动物两类。

古代先民豢养的动物“六牲”即牛、马、羊、猪、犬、鸡，野生动物则一般是兔、鹿、雉之类。诸如此类，合有六牲、六

2 洪光柱：《中国食品科技史》，中国轻工业出版社，2019，第210页。

兽、六禽，在先秦时期它们皆可制成“醢”，其中“六兽”“六禽”这类野生动物制成的作祭祀之用的“醢”更为常见。

《周礼》记载，“醢人”一共掌管九种具体的“醢”：麋臡、鹿臡、麇臡、蠃醢、蠯醢、蚳醢、鱼醢、兔醢、雁醢，其中并无任何一种是由“六牲”这样的家养动物制成，像兔、鹿、鱼、蚳、雁这样的动物多为觅猎、捕捞所得。

“醢”的制作在当时可能更多地采用野生动物。一方面是因为人们对奇味、鲜味的追求；另一方面，牛、豕等“六牲”已经被作为祭品中的主要肉食，那么与之搭配的“醢”理应选用不同的肉来制作。此外，在原始社会，野生动物的获取途径除了满足日常所需的例行捕猎外，还有部落、群体间的物资交换，譬如纳贡这一形式就会使物资产生盈余，也就为“醢”的制作提供了客观条件。

第二种，从祭祀功能来讲，制作“醢”所用的肉可分为水栖动物和陆栖动物两类。

以水栖动物的肉制成的醢主要为鱼醢，也有由非鱼类水栖动物制成的醢，比如蠯（pí）醢、蟹醢、虾醢、鳣（zhān）鲔（wěi）之醢等[3]。以陆栖动物的肉制成的醢主要为鹿醢、兔醢等，也有蜗醢、蚳（chí）醢等。

当醢被用于祭祀时，不同的场景对于醢原料的纲类（水生、陆生）有特定的要求。

先秦诸侯在行朝事礼、馈食礼的时候使用的“醢”，必须是由陆栖动物

3 关于鱼以外的水栖动物原料，《周礼·天官冢宰》有言“鳖人，……春献鳖、蜃，秋献龟、鱼。祭祀，共蠯、蠃、蚳，以授醢人”，鳖人给醢人提供制作醢的水生肉源。

的肉制成的，譬如鹿醢；诸侯在行加豆礼的时候使用的“醢”则必须是由水栖动物的肉制成的，譬如鱼醢。需要说明的是，单一场景下分用水醢、陆醢的限制主要是针对诸侯而言，天子祭祀往往是“水醢”“陆醢”混用。

此外，“醢”原料的纲类与同其搭配的“菹”的纲类是相对应的。如果某“菹”是由水生植物制成，那么与其搭配的“醢”则必然是由陆栖动物制成，反之亦然。

恒豆之菹，水草之和气也。其醢，陆产之物也。加豆，陆产也。其醢，水物也。（《礼记·郊特牲》）

第三种，从制作过程来看，“醢”可以根据是否添加骨头分为无骨之醢、有骨之醢、骨醢。

古人云：“有骨为臡（ní），无骨为醢。”臡是指采用动物的骨肉制成的肉酱，主要采用麋、鹿、麇（jūn）的骨肉（三臡），而醢一般指不含骨头的肉酱。

元代《居家必用事类全集》记载的“造鹿醢法”中，已不再用骨制醢。至于“骨醢”，是指单纯使用动物骨骼而不掺杂肉制成的醢。

狗、彘、豚、鸡食其肉，敛其骸以为醢（骨醢），腹病者以起。（《墨子·迎敌祠》）

这里是说用猪狗等的骨骸制成醢可以治腹病。如果“骨醢”真的存在，那也和常见的以肉为主要原料的醢有较大差异。骨醢或是一种治病偏方。

醢的制作：遗失在历史长河中的技艺

目前能查到的“醢”的工艺流程的最早文字记载，是东汉郑玄给《周礼》作的注：

作醢及臡者，必先膊干其肉，乃后莝之，杂以粱麹及盐，渍以美酒，涂置甀中，百日则成矣。

翻译成现代汉语：无论做带骨或不带骨的肉酱，先要略干其肉，而后剁碎，加粱曲、盐，并浸之于美酒，装瓶令其发酵，大约经过百日即可制成。

曾有学者对“醢”的制作工艺做过如下理化分析：

第一，曲中含有多种酶，利用其中的蛋白酶进行蛋白质水解，产生氨基酸。

第二，利用其多种酶的作用，形成酱的鲜味及香味。

第三，加入的黄酒中除含有酒精，可以防止杂菌污染，构成香气成分外，还可调节风味。

第四，浊酒中还有酵母，可进行轻度酒精发酵、产酯。

第五，酒中部分产酸菌及部分酸类会改变发酵产品的风味[4]。

在这种“制醢法”中，“曲”和“酒”的作用颇为关键，这种加曲及酒的酿造法实际上是利用酶进行发酵，以此来获得醢的独特风味[5]。

除了郑玄的《周礼注》提及了“醢”的制作法，中国现存最早的综合性农书《齐民要术》（下文偶尔简称《要术》）记载的制肉酱法中同样用

4　路甬祥：《中国传统工艺全集：酿造》，大象出版社，2007，第29页。
5　路甬祥：《中国传统工艺全集：酿造》，大象出版社，2007，第28页。

到了曲，更是全面介绍了肉酱的制作。两书虽然著于不同时代，但两书介绍的肉酱制作工艺大同小异。这两种工艺与今天的肉酱制作法不同，倒是于与腌肉的传统制作法相似。

事实上，“醢”的真正做法早已失传，郑玄的注释以及《齐民要术》的记载一脉相承，并非均是当时流行的腌肉法。按照上述方法做出来的“醢”，并不能直接用于饮食调味，而且据文献记载，醢是有酸味的。从理化观点推测，酸味成分主要应当是氨基酸化合物[6]，但是酒曲对于生肉成分的作用却是很弱的，不足以使其被完全分解。

虽然如此，但郑玄介绍的制醢法应该是客观存在的，只不过其制成的是用于祭祀的陈列品（菹醢）。后人采用郑玄所述的腌制工艺，并对其进行细节上的改良，制出了用作调味的醢酱。

6 洪光柱：《中国食品科技史》，中国轻工业出版社，2019，第209、210页。

第二节 从肉酱到豆酱，荤菜变素菜

“酱”这个字最初和“醢”字一样，都是指肉酱。后来随着酱的制作原料的变化，“酱”逐渐成为所有酱的总称。我国最早的酱是醢，后来出现了菹酱、榆子酱等由植物制成的酱，再后来豆酱则成为主流。总的来说，酱类食物大致经历了“肉酱—天然植物酱—种植作物酱—酱油”这样的发展历程。

说文解字“酱”

“酱”字，小篆为“ ”，繁体为“醬”，《说文解字》有言：“牆，醢也。从肉酉。酒目（yǐ）龢（hé）酱也。爿（pán）聲。”酱这个字本义就是肉酱（醢），所以有“月（肉）”这个偏旁。

“酱”字在战国时期楚国文字中都写作“酒”，和《说文解字》中记录的古字形一致，但实际上这个字在句子中很少表示酱料，而是通“将”，表示“将官”“将要”等意思。

“酱”字在战国时期秦国文字中则写作“ ”（酱），跟今天使用的简体“酱”字已经非常接近。甲骨文中没有“酱”字。据此，我们把“酱”的字形列举如下：

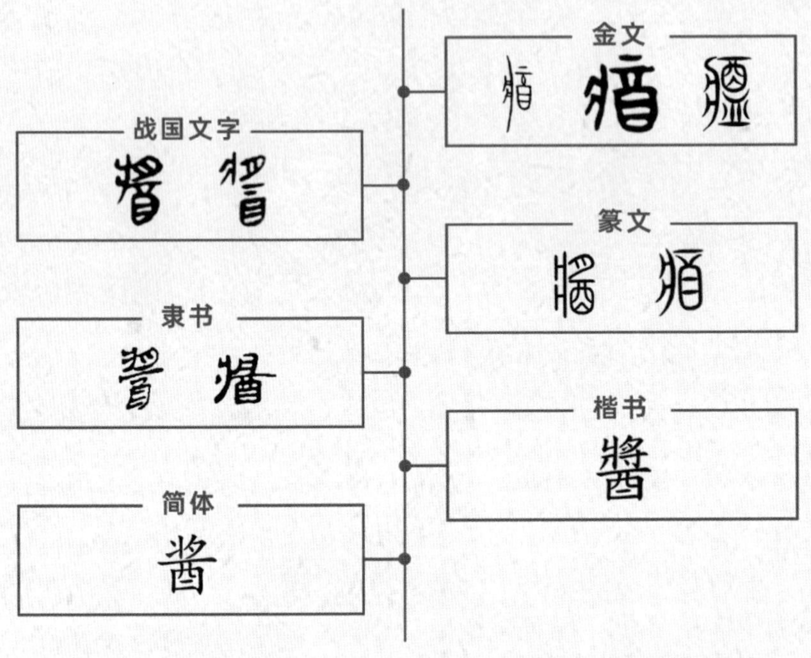

“酱”的各种字形

从上面的梳理来看，似乎“酱”字最早写作“[bronze-script form of 丬酉]”（“[丬酉]”），由“爿”和“酉”两个部分组成。《字源》认为这是一个形声字，“爿”承担了它的发音，“酉”承担了它的字意。但我们知道，单纯的“酉”（酒）这个符号并不能表示肉酱的意思，反而“月”（肉）才是早期酱的主要原料。

金文和战国楚地文字中“[丬酉]”字的写法，省去了“夕”字，用法上假借为“將”。

战国之后的“酱”字一般由“[丬夕]”和“酉”这两个部件构成。“[丬夕]”，是指祭祀时陈列的肉品，后来随着祭祀礼制的变迁，为

了表示肉酱，在这个字里增添代表器皿和做酱所需原料的“酉”形，才成了“有酒有肉”的“醬”。

其实“酱”字和“醢”字的变化情况很相似，都是在与肉类相关的部件基础上添加“酉”这个部件形成完整的字形。

酱的起源传说：神话的色彩，智慧的结晶

关于酱的起源，民间多有传说，主要有以下三种：

第一种，范蠡馊饭做酱。

相传范蠡年轻的时候曾在财主家帮忙管理厨房，但由于经验不足，经常剩下很多饭菜，放久了自然就会变质。原本范蠡将这些食物藏了起来，但最终还是被财主发现，财主骂了他一顿，惩罚他要让这些变质的食物变得有用。一开始范蠡是把这些发毛的食物经高温杀菌后加水搅拌成糊状用来喂猪，财主看了很满意；后来有个小长工想捉弄范蠡，把这种糊状物放在面里给他吃，却让范蠡意外发现这样吃面很有味，从中得到启发，发明了酱。其实这是一种民间传说，在史料找不到相关记载。我们推测是因为古人喜吃鱼酱，范蠡著有《养鱼经》，据传又曾在酱缸文化盛行的绍兴、诸暨一带养过鱼。所以最初有传言鱼醬由范蠡作创，后来又演变成范蠡用馊饭作酱。清代岭南诗人罗天尺《鱼苗》云：“蜀客休为酱，渔人早辨形。吾将师范蠡，新读种鱼经”。

范蠡是春秋末期人，虽然这个说法对于酱出现的保守估计时间类似，但传说中描述的制作工艺与史料所载的制酱工艺、原料都相差较大。

第二种，王母秘传做酱法的传说。

还有传说认为做酱的方法是西王母下凡见汉武帝时传给人间的。一般认为这种说法的来源是东汉班固写的《汉武帝内传》，里面记载："神药上有连珠之酱，玉津金酱中有无灵之酱"。其实该书更早的版本明确提到"九孔连珠，云浆玉酒"，西王母传至人间的是酒浆而不是酱。

第三种，周公发明酱的传说。

另有说酱是周公所创，也就是"周公吐哺，天下归心"的那个周公。明清时期的《物原》等文献都有"周公作酱"的记载，同时又说"成汤作醢"。这个说法比较可靠的来源是明末清初文学家、史学家张岱在其所著的百科类图书《夜航船》中对我国饮食历史的总结：

"神农始教民食谷……黄帝作炙。成汤作醢……嫘（léi）祖作醴，神农作油，殷果作醢，周公作酱……"

周公作酱

若从酱产生的时间和制酱原料两方面考量，"成汤作醢……周公作酱"的传说似乎颇有所据。

在殷商时期，用于造酱的肉、盐和曲已经出现。尽管在历史记载和民间传说中无法找到酱的准确起源，但从原料来看，酱的发明应是较早的。

醢的原料主要是牛羊豕等家养动物、鹿麋等野生动物以及鱼类。根据考古发现以及甲骨上的记载，殷商时期的畜业极为兴盛，卜祭时不仅有大牲畜，而且有家禽，彼时完全具备制酱的原料条件。

此外，盐这一制酱的重要辅料更是早在史前时期已为人类所用。而人类对盐的需求和酱的诞生有着密切的关系，在历史上，黄河流域中原地带的先民远比近海、陆盐源地的先民更珍视食盐。或许正是为了更好地保存食物和盐，他们开始制作各种盐渍物，进而发明了酱。盐是酱的诞生条件之一，而酱则改变了盐的贮存、食用方式。[7]

酒、曲等其他原料，在酱的制作过程中也有着重要作用。考古学家在殷墟挖掘出多种酒具，并发现了制酒作坊的遗址，可知当时制酒已经相当兴盛，《尚书》还有《酒诰》一文。而周代制酒更进一步，利用米曲酶制酒，《礼记》《周礼》等古籍中所说的曲尘、鞠衣，标志着我国周代就开始使用以米曲酶为主的曲。[8]由此可见，制醢所需的曲以及相关酿造技术彼时应已具备。

此外，在前文中已经指出，按照郑玄制醢法，混合肉、酒，做出来的实际上是腌制肉，多用于祭祀，并不能直接用于调味、饮食，需要再加工。结合史料分析，商代确实存在这种“醢”——只能用于祭祀的肉类制品。严格意义上讲，这不能被称为最早的“酱”。至于像《周礼》中记载的那种真正的酱，最早出现于何时目前尚无从得知。

7 赵荣光：《中国酱的起源、品种、工艺与酱文化流变考述》，《饮食文化研究》2004年第4期
8 包启安：《酱及酱油的起源及其生产技术(一)》，《中国调味品》1992年第9期。

豆酱诞生记：西汉厨房的伟大创造

先秦时期的酱以肉酱（醢）为主，也有菹酱、榆子酱这样以天然植物作为原料的酱出现，那时候还没有豆酱。从字形上看，“酱”从“酉”从“皿”，王国维先生考证认为：春秋战国秦人编纂的《史籀（zhòu）篇》中的“酱”字作“酱”形，从既往的“酱”字中脱颖而出的新造的“酱”字，则特意指出它不是以肉为原料酱，而是脱胎于器皿形态。[9]

至西汉时，“酱”字在典籍中频见。

饼饵麦饭甘豆羹，葵韭葱薤（xiè）蓼（liǎo）蔬姜。芜荑盐豉醯酢（cù）酱，芸蒜荠芥茱萸香。（《急就篇·第十章》）

酱，以豆合面而为之耳也，以肉曰醢，以骨为臡，酱之为言将也，食之有酱。（唐颜师古注、宋王应麟补注《急就篇》）

可见，此时的酱不再以肉为原料大宗，转而多制豆酱。从动物性原料到植物性原料的转变，使酱的应用更为广泛。

通邑大都，酤（gū）一岁千酿，醯酱千瓨（xiáng）。（《史记·货殖列传》）

可见酱的产量与需求大大增加，不再似先秦时仅供给王室贵族，消费群体扩展至市民阶层。

马王堆汉墓帛书整理小组《五十二病方·牡痔》：多空（孔）者，亨（烹）肥羭（yú），取其汁渍美黍米三斗，炊之，

9 赵国忠主编《酱油风味与酿造技术》，中国轻工业出版社，2020，第4页。

有（又）以滫（xiǔ）之孰，分以为之，取鋊（yù）末、菽酱之滓，拌并舂（chōng），以傅痔空（孔），厚如韭叶，即以厚布裹，更温二日而已。

在马王堆一号汉墓中出土的312支竹简，都是记载随葬物品的“清单”（古称“遣策”）。其中列有多种酱类食品：92号简文，鱼脂一资；93号简文，肉酱一资；94号简文，爵（雀）酱一资；103号简文，醢（yān）一资；106号简文，酱一资。

笔者认为，豆酱源于西汉。主要有三个理由：

第一，唐代训诂家颜师古注解《急就篇》时说“酱，以豆合面而为之也”。尽管这只是唐代人给西汉文章做的注，但可作为一种参考。从考古材料来看，西汉时已经有用大豆制作调味品（豆豉）的情况出现，《史记》也对“豉”有记录。

第二，先秦时期没有关于豆（菽）酱的记载，而马王堆汉墓帛书中首次出现了“菽酱”这样的词汇。古代原本称大豆为“菽”，或者称“豆”。豆，本是指一种饮食器具，甲骨文字形像一个有盖子的高脚盘，后来也被用于指代豆科植物。豆和菽的读音在古代是相通的。[10]后来又出现“大豆”这个词，这个词首次见于西汉《氾（fán）胜之书》。之所以改“菽”为大豆，是“为了与汉代以后从域外传入的豆类相区别”[11]。“菽酱”，也就是以大豆为原料制成的酱。

第三，马王堆一号汉墓有一份记录了多种酱的“清单”，其中106号简有“酱一资”的记录，结合上下文来看，这里的“酱”既不是肉酱，也

10 高亨、董治安：《古字通假会典》，齐鲁书社，1997，第349页。
11 （英）魏根深：《中国历史研究手册》（中），北京大学出版社，2016，第669页。

不是鱼酱，大概率是植物酱或豆酱。《长沙马王堆一号汉墓出土动植物标本的研究》鉴定报告中又指出陶罐所盛之物确是大豆的制品。

千年的技艺传承：此酱依旧在

在两千多年的豆酱发展史中，豆酱的制作工艺不断演进。豆酱法最初记载出现于东汉[12]，历经各朝代传承、创新与发展，豆酱制作工艺不断演进，充分体现了古代劳动人民的智慧。

汉代出现炒豆酱法，形成了处理豆类然后制曲发酵的基本流程。东汉王充《论衡》、崔寔《四民月令》均对豆酱制作方法有记载。

世讳作豆酱恶闻雷。一人不食，欲使人急作，不欲积家逾至春也。（《论衡·四讳篇》）

上文说制酱人制作豆酱时忌讳听到雷声，这种情况下制作而成的豆酱，没有一个人愿意吃它。要督促人们快点儿做好豆酱，避免家中储存的豆子保留到春季，春季回潮，容易使储存的豆子变质。

“作豆酱恶闻雷”，是说做豆酱对天气有一定的要求。“古人靠自然气温和湿度做豆酱，需要好天气。但是，自春天开始进入夏天之后气温渐高，雷雨渐多，相对湿度渐高。如果雷雨太

12　洪光柱：《中国食品科技史》，中国轻工业出版社，2019，第269页。

多，湿度太高，则豆曲中的热量和水分就不能及时散发出去，必然造成烂曲”。[13]“闻雷”也可能特指“梅雨”季节。[14]

《四民月令》中则是详细记载了“炒豆制酱法”的流程：

可作诸酱。上旬炒豆，中旬煮之。以碎豆作末都，至六七月之交，分以藏瓜。可以作鱼酱、肉酱、清酱。

这里记载的制酱法，是我国最古老的制酱法之一，也是目前能看到的最早的关于豆酱制作方法的记载。这种炒豆制酱法，现在国内仍有工厂化生产的企业在用，民间也有沿袭此法的生产作坊。

此外，《四民月令》中的炒豆制酱法本是残缺的，没有制曲、配酱醪和发酵工艺的记录，也没有添加盐、面粉的记录。

南北朝时期出现分两次先后加入食盐、黄蒸的作酱法，此外还有变炒为蒸、改进发酵容器、用曲法等创新。

北朝文献《齐民要术·作酱法》一篇中记录了各种酱的制作方法，首先就是豆酱，其后才是麦酱、肉酱、鱼酱等其他酱。

十二月、正月为上时，二月为中时，三月为下时。用不津瓮，置日中高处石上。

用春种乌豆，于大甑（zèng）中燥蒸之。气馏半日许，复贮出更装之，回在上者居下，气馏周遍，以灰覆之，经宿无令火绝。啮（niè）看：豆黄色黑极熟，乃下，日曝取乾。临欲舂去皮，更装入甑中蒸，令气馏则下，一日曝之。明旦起，净簸择，满臼（jiù）舂之而不碎。簸（bǒ）拣去

13 洪光柱：《中国食品科技史》，中国轻工业出版社，2019，第269页。
14 路甬祥：《中国传统工艺全集 酿造》，大象出版社，2007，第29页。

碎者。

作热汤，于大盆中浸豆黄。良久，淘汰，挼（ruó）去黑皮，漉（lù）而蒸之。一炊顷，下置净席上，摊令极冷。预前，日曝白盐、黄蒸、草蓠（jú）、麦麴（qū），令极乾燥。大率豆黄三斗，麴末一斗，黄蒸末一斗，白盐五升，蓠子三指一撮。豆黄堆量不概，盐、麴轻量平概。三种量讫，于盆中面向"太岁"和之，搅令均调，以手痛挼，皆令润彻。亦面向"太岁"内著瓮中，手挼令坚，以满为限；半则难熟。盆盖，密泥，无令漏气。熟便开之，当纵横裂，周回离瓮，彻底生衣。悉贮出，搦（nuò）破块，两瓮分为三瓮。

日未出前汲井花水，于盆中以燥盐和之，率一石水，用盐三斗，澄取清汁。又取黄蒸于小盆内减盐汁浸之，挼取黄渖，漉去滓。合盐汁泻著瓮中。仰瓮口曝之。十日内，每日数度以耙彻底搅之。十日后，每日辄一搅，三十日止。雨即盖瓮，无令水入。每经雨后，辄须一搅。解后二十日堪食；然要百日始熟耳。

这是一种"两次分别加入食盐、黄蒸等制豆酱"[15]的方法，始见于《齐民要术》。赵荣光先生指出了其中值得注意的要点：

选料，按春季播种的要求取"粒小而均"的春豆；主料黑大豆处理，分为利于脱皮的干蒸、力求熟透的湿蒸两个程序；辅料选择与处理，晒干、去杂以除邪味、防酸败、润色泽、生香气；

15　洪光柱：《中国食品科技史》，中国轻工业出版社，2019，第273页。

用瓮发酵

制麴方法，为密封制麴醅法（泥封法不可能是十分严格隔绝空气的，不过当时古人大概还没有认识到这一点）；制作周期，依据时令气温分别是腊月35天（五七），正月、二月28天（四七），三月21天（三七）；制醪发酵工艺，力求用水清新、制醪盐水比例以'酱如薄粥'状为宜、利用黄蒸麴酶浸出液促进发酵、成熟期百日。[16]

值得一提的是，这里使用了"瓮"这种器具进行发酵过程，它是我国古代酿酒史上的一项重要创举，始见于《齐民要术》，主要用于酿造黄酒，也非常适合用于给制作豆酱的曲料保温保湿。

将作豆酱法与郑玄所说的作肉酱法（醢）对比，笔者发现，前者有制曲发酵环节，属酿造工艺，而后者则是腌制工艺。

16　赵荣光：《中国酱的起源、品种、工艺与酱文化流变考述》，《饮食文化研究》2004年第4期。

唐代流行十日酱法，采用新的原料“豆黄”，添加面粉、花椒，并采用“反复蒸料”的工艺。唐末文献《四时纂要》记录的豆酱法，在过去的基础上进行了一些创新。例如，不再往酱醪里添加酒曲“帮助发酵”，开始用干酱曲“豆黄”为原料制酱；采用添加少量面粉制作豆黄等。[17]

十日酱法：豆黄一斗，净淘三遍，宿浸，漉出，烂蒸。倾下，以面二斗五升相和拌，令面悉裹豆黄。又再蒸，令面熟，摊却火气，候如人体。以谷叶布地上，置豆黄于其上，摊，又以谷叶布覆之，不得令太厚。三四日，衣上，黄色遍，即晒干收之。要合酱，每斗面豆黄用水一斗，盐五升并作盐汤，如人体，澄滤，和豆黄入瓮内，密封七日后搅之。取汉椒三两，绢袋盛，安瓮中。又入熟冷油一斤，酒一升。十日便熟，味如肉酱。其椒三二月后取出，晒干，调鼎尤佳。

元代则流行盦（ān）酱法、豆酱法等，对原料、曲等的使用进行改进，同时添加新的配料增味。元代文献《农桑衣食撮要》《易牙遗意》中记录了三种制酱法，列举如下：

盦小豆酱：小豆蒸烂，冷定，团成饼，盒出黄衣穿挂当风处。至三四月内，用黑豆或黄豆，炒过，磨去皮，簸净，煮熟，捞出。每小豆黄子一斗，熟豆一石，用盐四十余斤，拌匀，捣烂，入瓮。每日搅动，晒过七日后便可食用。盦酱时，斟酌豆黄

17　洪光柱：《中国食品科技史》，中国轻工业出版社，2019，第274页。

用之。晒，用三伏日为妙。（《农桑衣食撮要·盦小豆酱》）

盦酱法：用豆一石，炒熟，磨去皮，煮软捞出。用白面六十斤，就热搜面，匀于案上。以箸（zhù）叶铺填，摊开约二指厚候冷，用堵叶或苍耳叶搭盖。发出黄衣为度，去叶凉一日，次日晒干。簸净捣碎，约量用盐四十斤，无根水二担，或稀者用白面炒熟，候冷和于酱黄内，若稠者，用甘草同盐煎水，候冷添之于火，日晚间点灯下酱则不生虫。加前萝、茴香、甘草、葱椒物料，其味香美。（《农桑衣食撮要·盦酱法》）

豆酱：用黄豆一石，晒干，拣净，去土，磨去壳。沸汤泡浸，候涨，上凯蒸糜烂。停如人气温，拌白面八十斤，或官秤七十斤。摊芦席上，约二寸厚，三五日黄衣上，翻转再摊，又卷三四日。手按碎盐五六十斤，水和下缸，翻拌上下令匀，以盐掺缸面。其盐宜淋去灰土、草屑。水宜少下，日后添冷盐汤。大抵水少则不酸，黄子摊薄则不发热且色黄，厚则黑烂且臭。下缸后遇阴雨，小棒撑起缸盖，以出其气。炒盐停冷，掺其面。天晴一二日便打转令均匀，频打令其匀且出热气。须正伏中造。（《易牙遗意·豆酱》）

明代文献《宋氏养生部》《多能鄙事》《便民图纂》《本草纲目》等载有豌豆酱法、小麦酱法等三种制酱法，列举如下：

豌豆酱方：豌豆不拘多少，水浸，蒸软，晒干，磨去皮。每净豆一斗小麦一斗，同磨作面。水和作硬剂，切作片，蒸熟。卷黄衣上，晒干。依面酱法下之：每斤黄用盐四两，捣令碎，再磨，煎汤泡盐下之。黄处，切忌通风及湿地。（《多能鄙事·豌豆酱方》）

豆麦熟酱：大豆炒熟，磨细。计一斗豆面和小麦细面二斗，汤和，切

为片，蒸熟，幽为黄，暴甚燥。每十斤加盐三斤，注紫苏汤日中暴之，遂成熟酱。（《宋氏养生部·酱制》）

小麦生酱：四月，小麦细面一石为率，煮黄豆三斗去汁，以面染匀熟豆，不宜太润。幽暖室薄铺草箔上，采堵叶覆黄，移烈日中暴，须甚燥。碎击于缸，计黄一斤盐四两，通和，摘紫苏煎汤，待冷注之。日曝，三个月后方熟。汤少续汤，淡续盐。（《宋氏养生部·酱制》）

清代的制酱法主要是改变了配料比例[18]，其他工艺基本与明代制酱法一致。此时的制酱工艺已然成熟、完备。清代还出现了一种新产品——辣豆瓣酱。具体做法如下：

制辣豆瓣酱法：以大蚕豆用水一泡即捞起磨去壳，剥成瓣，用开水烫浸洗，捞起用簸箕盛之。和面粉少许，只要薄而均匀稍晾干即送至暗室，用稻草或芦席覆之，俟（sì）六七日起黄霉后，则日晒夜露。俟七月底，始入盐水缸内晒，至红辣椒熟时，用辣椒切碎，清晨和下。再日晒夜露二三日，后用坛收贮。再加甜酒少许，可以终年不坏。（《中馈录·制辣豆瓣酱法》）

豆酱发展到今天，依然是酱类产品的主流。市场上常见的海天黄豆酱、甜面酱、拌饭酱、海鲜酱等依然是以黄豆酱为基础，通过调整配料比例，制成不同口味的豆酱，满足不同消费者的需求。

2023年，海天调味酱年产量29.35万吨，营收24.27亿元，其

18 洪光柱：《中国食品科技史》，中国轻工业出版社，2019，第284页。

今日制酱工艺

黄豆酱的制作工艺主要是将黄豆经清洗、浸泡后，采用全自动恒压蒸煮工艺，让黄豆在热蒸汽高压的作用下快速软熟、增香，为海天菌在制曲和发酵中提供必需的营养。通过在蒸煮工艺及设备上改良，最大限度地保留黄豆酱中豆粒的完整性，使其具有良好咀嚼感，其中蕴含的将豆蒸煮后制曲发酵的基础工艺与《齐民要术》中所记载的作酱法如出一辙。让人不禁感慨，回首千年，此酱依旧！

第三节 《齐民要术》中的“酱”

研究酱的制作和酱的历史，就不能不提《齐民要术》。《齐民要术》是我国现存最早、体系最完善的农学名著，其中有大量涉及酱的内容，记录了酱的发展历史和工艺细节。《齐民要术》不仅是酱史的记录者，更是酱工艺创新的参与者。

集中国农学之大成的《齐民要术》

《齐民要术》作者是贾思勰（xié），古籍中鲜有关于他的记载，只能从“北魏高阳太守贾思勰撰”的题名中知道他做过高阳太守。

有学者考证，他出生于北魏延兴三年（公元473年）左右，卒于东魏武定年间（公元543—550年），很可能跨入北齐时代，年龄逾七十岁。[19]他不仅经历了“杜葛之乱”，也可能经历过北魏孝文帝改革。《齐民要术》中提到西兖州刺史刘仁之曾在洛阳试种区田，而刘仁之出任西兖州刺史是在北魏出帝（公元532—534年）时，因此，估计《齐民要术》的成书时间在公元6世纪的

19　杨坚：《<齐民要术>中农产品加工的研究》，南京农业大学博士论文，2005，第16页。

30—40年代。[20]

魏晋南北朝时期社会政治局势处于大分裂、大动荡、大融合的状态，并大体以淮河—汉水为界，长时期南北对峙。北方农业遭受破坏，但精耕细作的农业生产方式经受住了历史考验而继续演进；南方战乱较少，又由于北人南移，加快了农业发展。魏晋南北朝时期的农业生产，虽然时常遭受战乱的破坏，但由于南北东西交通未中断，人员、技术、物种等多方面均能正常交流，加上传统农业本身所具有的旺盛生命力，农业生产在战乱间歇之际不断恢复、发展。不但作物品种增加、畜禽养殖兴旺，农产品交易也较活跃，这些都为农产品加工提供了重要的物质基础。[21]

贾思勰从“农本观念”出发，认为“食为政首”。增加农产品，直接可以改善民众的物质生活，间接安定了社会秩序，也就巩固了政权。他著书“教民”，名曰《齐民要术》，“齐民”就是平民，“要术”就是谋生的重要方法。

《齐民要术》总结了前代和当代劳动人民所创造和贾思勰本人观察体验到的丰富的农业生产技术经验，不少在现代仍值得珍视和借鉴。[22]但贾思勰的视角和认识层次并没有只停留在农业生产的物质层面，而是从政治、哲学等多层面，认识农业生产的人本、民本意义，认知天地人之间的和合共存关系，探讨事物之间的有机联系。[23]

《齐民要术》是我国现存最早最完整的一部大型综合性农书，是我国

20 杨坚：《<齐民要术>中农产品加工的研究》，南京农业大学博士论文，2005，第16页。
21 同上。
22 梁家勉：《中国农业科学技术史稿》，农业出版社，1989，第312页。
23 孙金荣：《<齐民要术>研究》，山东大学博士论文，2015，第1页。

古代农书中最有影响的一部，同时也是世界上最早、最系统的农学名著之一，堪称“中国古代农业百科全书”。

《齐民要术》计十卷，前九卷计九十一篇，包括了农、林、牧、副、渔、酿造、饮食等诸多方面内容，同时包含经贸、文献学、史学、哲学等各方面内容。第十卷又介绍了149种非中国物产。它内容丰富，涉及生产、生活、文化等诸多领域，是中古时期一部重要的文献典籍。[24]它系统地总结了魏晋以前黄河中下游地区农牧业的生产[25]、食品的加工与贮藏、植物的利用等农业生产活动，标志着我国传统农学臻于成熟。

《齐民要术》中的那些“酱”

据统计，该书共有八十三处提及“酱”，其中大部分集中在《卷八·作酱等法第七十》，共计六十一处。至于其他各卷中与酱有关的内容，主要有如下这些：

并如凡瓜，于香酱中藏之亦佳。（《齐民要术·卷二》）

削去皮子，于芥子酱中，或美豆酱中藏之，佳。（《齐民要术·卷二》）

可收蓬于酱中藏之。（《齐民要术·卷三》）

绢袋盛，沈于酱瓮中。（《齐民要术·卷三》）

24　孙金荣：《〈齐民要术〉研究》，山东大学博士论文，2015年。

25　（英）布瑞（Francesca Bray）《中国农业史》（台湾商务印书馆，1994）亦指出：“《齐民要术》所记述者，恐已为华北农业之全盛时期。”

肉酱、鱼鲊（zhǎ），偏宜所用。（《齐民要术·卷四》）

酴（tú），音头：榆酱。（《齐民要术·卷五》）

醯（xī）、酱千瓨（xiáng），浆千儋（dàn）。（《齐民要术·卷七》）

鱼酱汁三合，琢葱白二升。（《齐民要术·卷九》）

下豉汁、酱清及酢（cù），调和适口，下姜、椒末。（《齐民要术·卷九》）

以豆酱汁茹食之，甚香美可食。（《齐民要术·卷十》）

从这些文字可以推断，南北朝时期，酱的种类很多，如肉酱、鱼酱、豆酱、榆酱等，包含用动植物类各种原料作的酱。还有两处指“酱清”，均出现在《卷九》中，它作为“酱油的滥觞（shāng）”[26]，应当引起关注。《齐民要术》不仅记录了这些酱的调味作用，还强调了酱的“藏”方，也就是对于食料的腌制、保存作用，“于香酱中藏之亦佳”。

《卷八·作酱等法第七十》中则细致介绍了各种酱的制作工艺。首先介绍的是豆酱的制作，然后是麦酱、肉酱、鱼酱等其他酱类的制作。此外，对作酱法的介绍，分别从主要原料及处理、酱曲及辅料、制曲、发酵、搅酱等几个角度展开。《齐民要术》中介绍了多种曲，有的用在制酒上，也有的用在制酱上，其中用于制酱的有黄蒸、黄衣。鱼酱、虾酱、麦酱等的大体工艺与肉、豆酱相差无几。如鱼酱法，需先对鱼类原料进行切洗处理，然后将其和盐、姜等辅料一起加入到瓮中，密封暴晒，再加酒，

26　谢韩：《酱和酱油发展简史》，中国轻工业出版社，2018，第25页。

北魏先民作酱

即制成。

作鱼酱法：鲤鱼、鲭（qīng）鱼第一好；鳢（lǐ）鱼亦中。鲚（jì）鱼、鲐（tái）鱼即全作，不用切。去鳞，净洗，拭令乾，如脍法披破缕切之，去骨。大率成鱼一斗，用黄衣三升，一升全用，二升作末。白盐二升，黄盐则苦。乾姜一升，末之。橘皮一合，缕切之。和令调均，内瓮子中，泥密封，日曝。勿令漏气。熟以好酒解之。作鱼酱、肉酱，皆以十二月作之，则经夏无虫。馀月亦得作，但喜生虫，不得度夏耳。

《齐民要术》于“酱史”的价值

《齐民要术》的“自序”中交代了该书的内容范围——“起自农耕，终于醯醢，资生之业，靡不毕书”。“终于醯醢”——

酱不单是《齐民要术》的重要内容之一，更是百姓生活中无所不在的事物。

作为酱的记录文献，《齐民要术》中详细记录了包括豆酱、鱼酱、肉酱、芥子酱等各种酱的成分、制作工艺等，使得肉酱和非肉酱之间的界限变得清晰，“醢”和“酱”的区别一目了然。

《齐民要术》是中国酱文化的划时代的巨著，它彻底厘清了中国肉酱文化和豆酱文化的界限，因此凡是涉及中国酱的论著都是以它为标杆。[27]

《齐民要术》不仅使先秦、西汉乃至南北朝作酱法的发展演化变得有迹可循，而且使酱的起源、历史脉络逐渐清晰。比较“郑玄制醢法”、《齐民要术》“肉酱法”，其本质都是腌渍工艺，而肉酱法略有改进，如添加酒曲、黄蒸等。做肉酱时对于曲的使用，一定是受到当时酿造工艺的启发。虽没有发现汉代谷物酱制作的详细记录，但从书中的记载确可以寻找到汉代造酱法的影子。

殷周时的酿造方法，大都是利用已制成的曲来分解发酵基质的。制作豆酱的最初工艺可能是加曲于煮熟大豆中而制造，《齐民要术》中所载的制作方法，依然是这一模式，即是加麦曲及黄蒸于蒸熟黄豆中进行酿造的，可能与汉代的大豆不制曲工艺一脉相承，这种用曲去分解其他基质的做法是东方传统酿造的一大特点。[28]

《齐民要术》设专篇论述的有谷（稷、粟，附稗）、黍、穄、粱、秫、大豆、小豆、大麻、大麦、小麦（附瞿麦）、水稻、旱稻等。这是当

27 季鸿崑：《中国酱和鲜味》，载《酱缸流淌出的文化——2007中国首届酱文化（绍兴）国际高峰论坛文集》，中国社会科学出版社，2007，第83页。
28 路甬祥：《中国传统工艺全集 酿造》，大象出版社，2007，第29页。

时北方的主要粮食作物种类，与两汉时代大体一致。上述排列的顺序应是各种作物在粮食生产中不同地位的反映。[29]

《齐民要术》对中国酱工艺的这一记载，无疑应当是两汉帝国时期民间社会（至少是中原和黄河流域广大北方地区）中国酱制作的历史记录。《齐民要术》的成书，上距东汉帝国的完结仅三个世纪时间，而且其间又充满了战争荒乱，人民颠沛流离，居无常所、食不果腹。也就是说，尽管我们不排除三百年间会有新的经验积累、技术提高，但其基本成分与成果是汉代的延续流传，应当是不会有问题的。[30]

《齐民要术》推动了我国制酱工艺的发展。作为一部优质的农业技术指南，它在传承旧有作酱法的同时，为后世制酱工艺的创新提供了启示。后世的作酱法大多是基于《齐民要术》作酱法的改良、优化。

《齐民要术》专门有《黄衣黄蒸及糵》一篇，明确提出制酱起作用的是黄色的“衣”，所以制成的曲就叫黄衣、黄蒸。这种黄色的微生物当是黄曲霉菌。制造黄衣、黄蒸是利用夏季高温高湿有利其生长的特性，并注意控制原料的酸度，“于瓮中以水浸之令醋”。黄曲霉能耐微酸性，有一定的酸度，能抑制有害微生物，促进黄曲霉生长。黄曲霉产生蛋白酶和淀粉酶，制酱正是

29　梁家勉：《中国农业科学技术史稿》，农业出版社，1989，第257页。
30　赵荣光：《中国酱的起源、品种、工艺与酱文化流变考述》，《饮食文化研究》2004年第4期。

利用这两种酶。而唐末的《四时纂要》则记录了一种不使用黄蒸改用的方法。元代作酱法则是基于《齐民要术》的添加精制食盐水调稀法，改良出了酱醪调稠法。

在《要术》以前，《吕氏春秋·任地》等三篇（属于作物栽培总论性质），《氾胜之书》（包括作物栽培通论和各论），都只限于种植业的范围，《四民月令》虽亦涉及农、林，牧、副等方面，但生产技术记述简单，缺少理论上说明。《齐民要术》与这些书相比，则显然青胜于蓝，大大向前发展了，它所记述的生产技术以种植业为主兼及蚕桑、林业、畜牧、养鱼、农副产品储藏加工等各个方面。在种植业方面则以粮食作物为主，兼及纤维作物；油料作物、染料作物、饲料作物、园艺作物等方面。从地区来说，以反映黄河中下游农业生产技术为主，同时也涉及南方及其他地区的植物、品种等等，堪称为中国现存最早和最完整的农书。[31]

有别于其他农书的局限性，《齐民要术》不但对酱本身的种类、工艺做了细致描述，还详细介绍了相关原料（大豆、曲等）的发展变化，这有助于后人更全面地认识酱。它上承先秦两汉酱的起源，下启唐以后诸代酱的发展，是先民长期生产实践经验积累的智慧结晶。

31　梁家勉：《中国农业科学技术史稿》，农业出版社，1989，第313页。

第四节 酱的新形态：酱清

当代著名作家端木蕻（hóng）良在《东北风味》中写道："在清末民初时代，还没有今天所谓的酱油，只有一种清酱。这就是从酿造豆酱的酱缸里，用勺子舀出来的酱汁儿……那时，清酱和酱油这两个词儿还在混用呢。"端木蕻良所说的"清酱"其实是在酱油这一称呼出现前，流传已久的一种称谓，这一称谓至今仍留存于我国北方局部地区的俗语表达中。在某些典籍及近现代，一般称为"酱清"。

"酱清"的双重身份：主业调味，副业治病

（一）两汉魏晋南北朝：工艺和应用的革新

"酱清"（即"清酱"）最早的文字记载出自东汉崔寔（shí）所著的《四民月令》。

正月可作诸酱，上旬炒豆，中旬煮之，以碎豆作末都。至六、七月之交，分以藏瓜。可以作鱼酱、肉酱、清酱。（《四民月令》）

翻译成现代汉语：正月可以作各种酱，上旬炒豆，中旬煮豆，把碎豆做成酱。到六、七月时，可以分出些酱来腌制酱瓜。可以制作鱼酱、肉酱、清酱。按此说法，则"清酱"有两种可能

的含义：一指纯豆酱，二指豆酱制成的清汁。

魏晋时期，关于“酱清”的记载大幅增多。东晋著名医药学家、道教理论家葛洪的《肘后备急方·治牛马六畜水谷疫疠诸病方》载，治疗患“虫颡（sǎng）”，即额部有寄生虫的马驹，可“酱清如胆者半合，分两度灌鼻，每灌，一两日将息。”即将酱清灌入马的鼻孔中，一两日就会好转。

酱清不仅只是黏稠的半流体物质，还发展出了液态酱清，可用于治疗牲畜疫病。除治病外，酱清也应用于各类食物餐饮烹饪中，如各类食物腌渍、烹煮，无论是做生肉酱、血肠，还是煮菜、腌菜，都能看到加酱清以调味的案例，说明酱清在当时已然成为一剂重要调料。

《齐民要术》中更记载了多个“酱清”的用例，列举如下：

作燥脡（shān，指生肉酱）法：羊肉二斤，生姜五合，橘皮两叶，鸡子十五枚，生羊肉一斤，豆酱清五合，先取熟肉，著甑上蒸，令热，和生肉；酱清、姜、橘和之。

缹（fǒu，煮的意思）豚法：肥豚一头十五斤，水三斗，甘酒三升，合煮令熟。漉出，擘（bò）之。用稻米四升，炊一装；姜一升，橘皮二叶，葱白三升，豉汁深，作椮，令用酱清调味。蒸之，炊一石米顷，下水也。

缹鹅法：肥鹅……合以豉汁、橘皮、葱白、酱清……

缹茄子法：用子未成者……香酱清、擘葱白与茄子俱下，缹令熟。

木耳菹（zū，指腌菜）：取枣、桑、榆、柳树边生犹软湿者，干既不用，柞（zuò）木耳亦得。煮五沸，去腥汁，出置冷水中，净洮（táo）。又著酢浆水中，洗出，细缕切，讫（qì，终止的意思），胡荽（suī，即香

菜）、葱白，少著，取香而已，下豉汁、酱清及酢，调和适口，下姜、椒末，甚滑美。

值得注意的是，在古代信息存储、传播困难的境况下，文字记载本身存在一定的迟滞性，而《齐民要术》所载诸多条例更是十不存一的古籍中难得的吉光片羽，酱清在实际应用中的范围和受众会更广。

综上所述，魏晋时期，酱清在工艺和应用层面较以前有了新的发展：

（1）工艺上：不再只是黏稠的半流体物质，还发展出了液态酱清。

（2）应用上：不再局限于作为餐桌辅食，更能用以治病、调味。

（二）唐宋时期：是偏方，还是良方？

唐宋时期有关“酱清”的记载也不多，其在魏晋的基础上发展了酱清的医药功能，主要集中在各类医书中。如“药王”孙思邈所著的《千金要方》及其晚年撰写的《千金翼方》，均记载与酱清相关的药方：

又方 治大便难方。

单用豉、清酱、羊酪、土瓜根汁灌之，立通。

又方

以酱清渍乌梅灌下部中。

……

又方

酱清三升 麻油二升 葱白三寸

右三味合煮令黑，去滓，待冷顿服之。

恶疮似癞（十余年者）。鲫鱼烧研，和酱清敷之。

猘（zhì）犬啮（niè）人，豆酱清涂之；手足指掣（chè）痛，酱清和蜜温涂之。

治瘿（yǐng），菖（chāng）蒲（pú）二两、海蛤一两、白蔹一两、续断一两、海藻一两、松萝一两、桂心一两、蜀椒一两，汗，去目、闭口者羊靥（yè）二百枚，炙神曲三两、半夏一两，洗倒挂草一两，上一十二味，各捣下筛，以酱清牛羊髓脂丸之，一服三丸如梧子，日一服。

以下几个药方分别是治便秘、疮痍、咬伤或拉伤等病症的：

（1）治便秘：灌豆豉汁、酱清、羊乳、土瓜根汁，用酱清腌渍乌梅灌入肛门，酱清、麻油、葱白合煮至发黑，去掉渣滓，冷却后服用。

（2）治疮痍：鲫鱼烧灰研末，加酱清混合，涂敷于疮上。

（3）治咬伤：被动物咬伤后，以豆酱清涂敷伤口。

（4）治拉伤：手脚拉伤疼痛处，用酱清调和蜂蜜涂抹。

（5）治气血瘀结：将菖蒲、海蛤等十二味药按量抓取捣碎，以酱清、牛羊髓脂和之，团成梧桐果实大小的丸状，每天一次，一次服用三丸。

（三）元明清时期：食用药用，双管齐下

经过汉晋以来较长时间发展，酱清在元明清尤其是清代时得到广泛、全面的应用。元明两代有关“酱清”的记载在数量上虽仅有两例，但展现了酱清的双重价值。

炸骨头：乳团、豆粉、生面一斤，盐、酱、茴香、桔皮、椒末和匀，蒸熟。切作骨头样，油炸。却入酱清汁，擂、炒熟大麻子加砂糖合汁，慢火烧。入少面牵。不须用油。麻子炒不熟令人泻。（《居家必用事类》）

说的是在做炸骨头时加入酱清、芝麻、糖等烧汁调味。

明代，当时藩属国朝鲜的医师许浚等奉命编纂医书，选取摘录我国明以前各类医书条目分类编纂，写成药学巨著《东医宝鉴》，其中选录有《俗方》油酱治便秘法。

治大便久不通。香油、清酱各一合，搅令十分和匀，以小竹筒插入肛门内，取油酱灌入竹筒内，令人吹之，令渐入，或以物推入肛内，即通。（《东医宝鉴》）

清代时，有关酱清的记载尤为丰富。

清代赵学敏《本草纲目拾遗》有关于“叶底红”这味药的记载：用平地木叶干者三钱，猪肺连心一具，水洗净血，用白汤焯过，以瓦片挑开肺管，将叶包裹，麻线缚好，再入水煮熟，先吃肺汤，然后去药食肺，若嫌味淡，以清酱蘸食，食一肺后，病势自减，食三肺，无不愈者。

翻译成现代汉语：将平地木叶裹猪肺焯煮，喝下肺汤，吃掉猪肺，可治吐血、咳嗽、劳伤等。这里酱清主要作为调味品搭配猪肺蘸食，以减轻病患对清淡药味的抵触。

至于酱清专门用于烹调的记载，则更多见。如童岳荐《调鼎集》所载“蒸鹿肉”法；袁枚《随园食单》中的蒸鲥（shí）

鱼、刀鱼、酱鸡、酱松菌、炒肉丝、炒肉片、锅烧肉、醉虾；李化楠《醒园录》的假烧鸡（鸭）法、食鹿尾法、食熊掌法等菜肴制法中均用到了酱清，作用不一，或去腥，或提味，或上色。酱清俨然成为蒸、卤、炸、炒、炖、焖等各类烹饪方法中不可或缺的重要佐料。

酱清的工艺：缺失的记忆由清代来弥补

直到清代，才出现大量有关酱清生产工艺的内容记载，填补了此前酱清工艺的空白。

如李化楠的《醒园录》一书记录有六种酱清做法，分别是作清酱法二种、逼清酱法二种、作麦油（即酱清）法二种。因原文卷帙过繁，现梳理如下：

1.作酱清法：可分为豆黄作酱清和酱黄作清酱两种，其不同之处在于前者是以豆制曲，后者则是汤豆制曲。正因如此，在最后一道工序中，前者需要滤豆渣（豆渣可制成豆豉），后者则不需要。

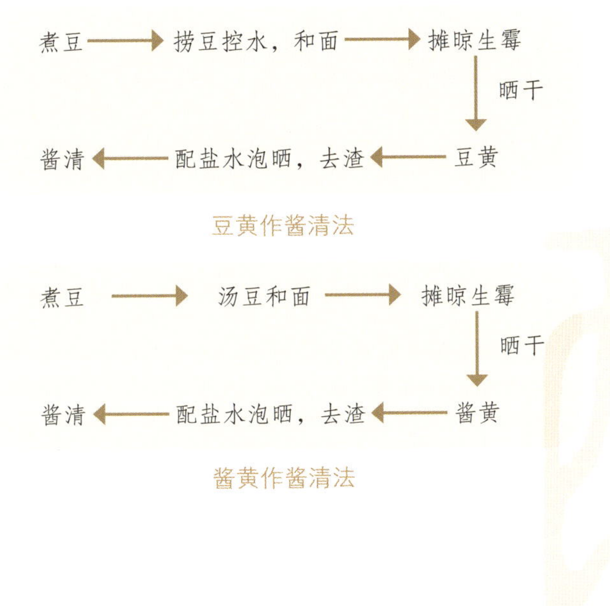

豆黄作酱清法

酱黄作酱清法

2.逼酱清法：类似榨取的方式。方法一是用酱笃（chú）压实制好的酱，从笃孔中过滤出酱汁；方法二则是通过熬煮酱黄，榨取卤水，形成酱清。

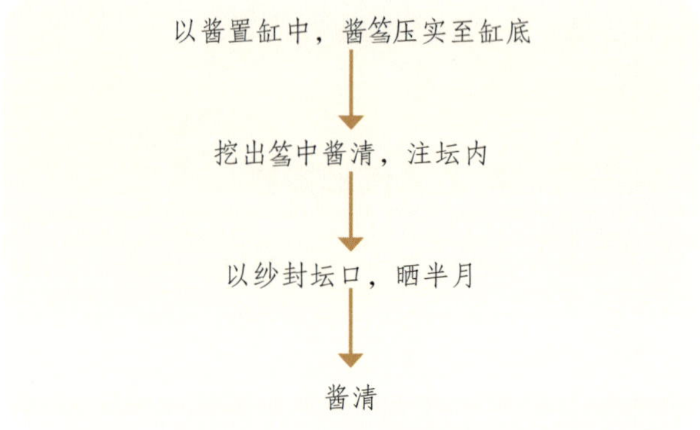

酱笃压取法

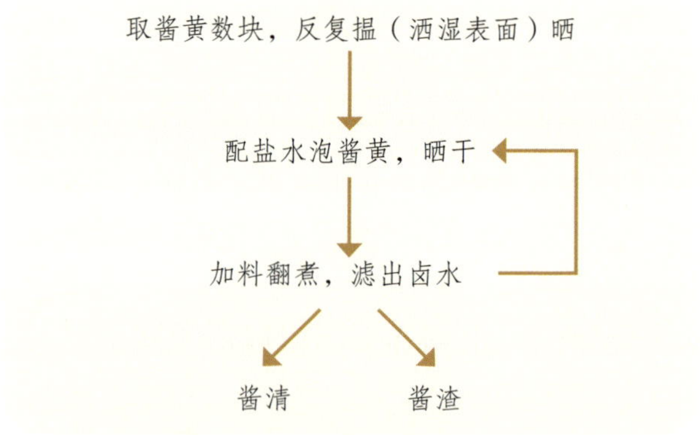

酱黄熬煮法

3.作麦油法：作麦油法原料是小麦。一是以熬煮麦黄、榨取卤水的方式提取酱清，与“酱黄熬煮法”相似；二是将麦黄去霉磨面，搭配盐水发酵，制成酱清。

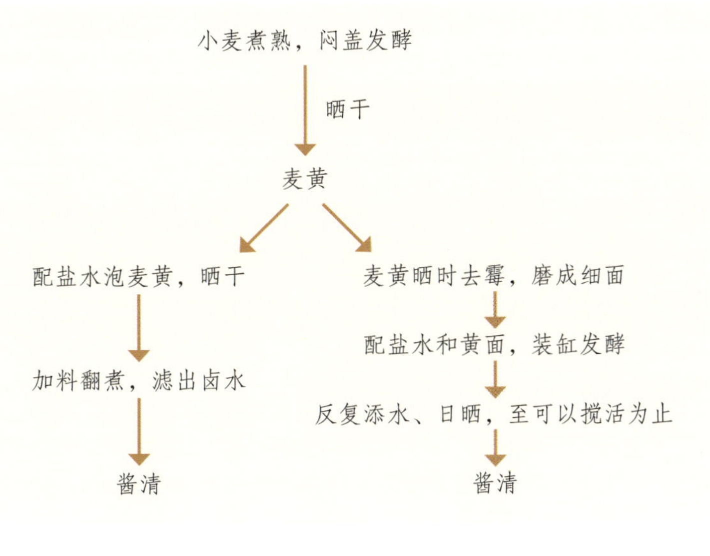

麦黄卤煮法　　黄面发酵法

由此可知，至清代时，酱清不仅广泛用于各类日常烹饪中，其制作工艺亦有极大突破，实现从无到有甚至是平地起高楼的质的飞跃。

“曾用名”背后的故事：酱清变身酱油记

关于酱清是否等同于酱油，二者是怎样的关系，学界也一直在讨论。在大部分学者看来，酱清即是酱油的别称，或者说酱清是一种早期的酱油产品，二者密切相关。

豆酱是酱油产生的基础，豆酱汁更是在形态、用途上与酱油高度相似，据前文提到的《四时月令》分析，汉时的豆制酱清无疑是酱油的早期工艺产品。

魏晋时期，有“豆酱清”“酱清”“豉汁”“豉清”四种，广泛应用于饮食调味中。初步统计，《齐民要术》中分为“豆酱清”“酱清”“豉汁”“豉清”，且用于不同的美食制作。

豆酱清/酱清：作燥脡（shān，指生肉酱）法、生脡法、作羊盘肠雌解法、炰豚法、炰鹅法、炰茄子法、木耳菹”七道菜的调味。

豉汁用于：作鸭臛（huò）法、作鳖臛法、作猪蹄酸羹一斛法、作羊蹄臛法、作酸羹法、作笋䈽鸭羹法、作羊盘肠雌解法、石块食脍鱼莼羹、莼羹等39道菜品调味。

豉清用于：作脸臜（chǎn）、鮀（tuó）臛、蒸熊法、腤（ān）白肉四道菜的调味。

可见，这一时期酱油产品的食用价值得到充分利用。就字面义而言，“豆酱清”也是豆酱清汁之意。北方有些地方，至今还称为“清酱”。[32]

谢韩、李勇同样认可，南北朝时期的“酱清”是酱油滥觞的说法。[33]不过，“酱清”为豆酱清汁的确切文字记载直至唐宋时期方有。

学界普遍认为，最早出现“酱油”一词是在南宋《山家清供》中，不过并未统一酱油的名称，在很长的一段时间里，都是多名称并用。

从现存资料看，唐宋时期有“酱清”“清酱”“豆酱

32 （北魏）贾思勰，石声汉译注，石定扶、谭光万补注：《齐民要术》，中华书局，2015，第922页。

33 谢韩、李勇：《古代酱生产发展研究》，《江苏调味副食品》2016年第2期。

清”“酱清汁”四种名称。其中：

恶疮似癞十余年者。鲫鱼烧研，和酱清敷之。（唐《千金要方》）

又方治面疮出黄水：以鲫鱼头烧灰研末，和酱清汁傅上一日。（宋《小儿卫生总微论方》）

右烧鲫鱼末，以酱汁涂之。（宋《幼幼新书》）

以上唐宋两代的记载为同一药方，说明唐书所言“酱清”与宋书“酱清汁”实属一物。至此，酱清指豆酱清汁确凿无疑。

元明两代有关酱清的相关记载不多，名称也不超出唐宋时的范畴。到清代时，酱清与酱油之关系迎来新的发展。一方面，清代的文献资料保存了多种酱清的制作工艺，从记载的“酱清”加工过程来看，酱清就是酱油的同义词，[34]而其中的“作麦油（即清酱）法”则说明当时已有将清酱称作“油”的说法。

另一方面，清代已有认为清酱即酱油的确凿史料。汪谢诚《湖雅》卷八称“清酱曰酱油”，清《顺天府志》卷五十《食货志二》“物产”三十六载“清酱即酱油”。

综上，清代所谓的“清酱”与“酱油”乃是同物异名。

34　黄兴宗：《中国科学技术史　第六卷　生物学及相关技术　第五分册　发酵与食品科学》，科学出版社，2008，第306页。

中國味道

第二章

进击的酱油，舌尖上的工艺革命

1912年6月5日，《时报》上曾有一篇报道："前晚有窃贼陆阿荣在共和国路图窃万兴酱园被一区巡警查获，解送至警务所。"[1]不知是不是万兴酱园酿造的酱油太好吃了，使得陆阿荣起了贼心，最终，他被拘留了两个星期。

美食界素有"西方沙司，东方酱油"之说，酱油是我国传统调味品，酱油的味道可以说是牢牢刻在中国人的DNA里。那么，酱油从何而来，又经历了怎样的发展历程呢？

1 《想偷酱油》，《时报》1912年6月5日，第10版。

第一节 殊途同归，酱油发展的双重路径

关于酱油的来源，目前学界主要有两大说法。一者认为酱油源自豆酱，二者认为酱油发展分“豆酱→酱油”和“豆豉→酱油”双重路径。

酱油由豆酱衍生而来

洪光柱认为，酱油由豆酱衍生而来。西汉史游《急就篇》中的“酱”是我国文字记载中最早提及“豆酱”一物的记录；东汉《四民月令》、北魏《齐民要术》所谓“酱清”“清酱”就是现在的“酱油”；唐以后，豆酱和酱油的饮食、医药应用增多；宋代林洪《山家清供》是目前学界公认的最早载有“酱油”一称的文本；明代《本草纲目》所载“豆油法”即今所谓“酱油”的制作工艺。

——洪光柱《豆酱和酱油始于我国》

杨坚指出，商周时期的酱多指肉酱，汉朝时出现大豆酱；唐以前的大豆制酱工艺以《齐民要术》为代表，其时酱曲需预先单独制作，制酱时间多在六、七月；唐代大豆酱生产工艺得到改进，实现制曲一次完成，作酱时间也有所扩展。

——杨坚《我国古代的大豆制酱技术》

赵荣光表示，汉朝时，酱油的早期品种（“清酱”）已成重要调味品；魏晋时期，其烹调用途更加丰富；唐代，制酱技术革新，发展出“全部制麹”发酵工艺；宋时，“酱油”一称出现，取代“酱清”等纷呈的异称；明《本草纲目》中的“豆油法”是较早关于“酱油”制作工艺的明确记载。

——赵荣光《中国酱油的发明、工艺演进及其文化历史流变》

于林等人的研究显示，“我国最早的酱称作‘醢’，是在周代，它的原料主要是动物性原料。随着植物性原料的增多，出现了‘酱’字，实现了从‘醢’到‘酱’的演变。较早记载‘以豆合面而为之’的酱的史料出现在西汉（《急就篇》），……较早记载酱油的史料出现在东汉（《四民月令》），当时称作‘酱清’。‘酱油’一词较早出现在北宋。酱油制作发展为独立的工艺在明代，以《本草纲目》中‘豆油法’及《养余月令》中‘南京酱油方’为标志。历史文献《齐民要术》……第一次系统总结记录了‘作酱法’。”

——于林、陈义伦、吴澎、李洪涛《我国史籍记载的酱及酱油历史起源研究》

谢韩、李勇指出，先秦时期的酱主要是“醢”（肉酱）、“醯”（用盐较少而略酸的酱）。酱生产发展的两个重大时期分别是东汉和南北朝：东汉时，以动物原料为主的制酱发展到大豆

酱油的进化过程

制酱，酱的生产规模扩大；南北朝《齐民要术》对酱及酱曲的生产流程作了较完整的总结。

——谢韩、李勇《古代酱生产发展研究》

赵国忠认为，酱油的衍化规律遵循“醢→酱→豆酱→酱清→酱油”的顺序，先秦《周礼》《诗经》中的“醢”指肉酱，后随着农耕技术的进步，豆类逐渐替代动物原料成为制酱大宗原料，至少在东汉前，豆酱已经出现，南北朝时豆酱生产工艺得以留存，明代“豆油法”是关于酱油的详细记载。

——赵国忠《酱油风味与酿造技术》

以上观点均认为酱油源于豆酱。而另有部分学者指出，酱油的发展路径并不唯一。

酱油另辟蹊径的发展之路

杨坚提出酱油有大豆制豉、制酱双重路径：《齐民要术》中提及的豉汁、酱清都具有酱油的功能，是酱油的前身；唐以前，豉汁应用更广，后随着豆酱工艺的成熟，酱清的应用增多。

记载“酱油”名称的最早文献，目前学界公认是宋时的《山家清供》，但酱油工艺相关记录要到明代才有，《本草纲目》“豆油法”、《养余月令》“南京酱油方”、《醒园录》“逼清酱法”等则展示了传统酱油的基本生产工艺及发展。

——杨坚《我国古代大豆酱油生产初探》

路甬祥认为酱油的源流有三：酱、豆豉、麦酱，酱的文字记载始于《周礼》，当时称“醢”，指肉酱；西汉《急就篇》“芜荑盐豉醯酢酱”是明确写豆酱的较早记载；《四民月令》《齐民要术》所载“清酱”“酱清”即今日所谓酱油；清朝常称酱油为清酱，是为文雅故；至于豆豉，其在汉时已有（《急就篇》“芜荑盐豉醯酢酱”、马王堆汉墓出土豆豉）；据《齐民要术》记载，由于制曲工艺领先，豉汁用途更广，在当时较酱清更为流行；元代《居家必用事类全集》载有豉汁生产方法；麦酱油较前二者式微，相关记载不多。“豆豉→酱油”一路在后世发展有限，“酱→酱油”是酱油生产的主要路径。

——路甬祥《中国传统工艺全集 酿造》

黄兴宗亦认为酱和豉都是酱油的前身，汉代就有酱、豉加工的大豆液体调味品（《四民月令》“清酱”、《释名》“豉汁”），唐朝起，豉的应用渐趋萎缩，酱则发展起来；宋

代，“酱油”名称诞生；至明时，酱油的制作有了详细介绍（《本草纲目》）；清代，有关酱油的工艺记载更多（《养小录》《醒园录》），从加工方法看，此时的清酱已然是酱油的同义词。

——黄兴宗《中国科学技术史 第六卷 生物学及相关技术 第五分册 发酵与食品科学》

陈洁讨论了对肉酱、豆酱、面酱三类酱品的历史发展，其中豆酱与酱油关系最密，先秦时期的酱——“醢”为肉酱；汉晋南北朝时出现植物酱品，奠定以谷物酱（豆酱）为代表的酱文化；唐宋时期对豆酱药用价值的挖掘更加深入，同时打破了“雷鸣不作酱”的迷信，并改进了制酱工艺，发明原料全部制曲的“十日酱法”；元、明尤其至清朝，豆酱制作工艺进一步完善。

——陈洁《历史时期中国酱的生产发展与空间分布——以肉酱、豆酱和面酱为例》

以上便是目前学界对酱油的研究综述，基本上还是能够取得共识，即酱油诞生于豆酱之中，但“酱油”一称属于后起之秀，也并非主流，而且存在多种名称混用的情况。

第二节 唐代前的作酱秘籍：探索自然，超越自然

在唐代及之前的漫长历史中，人们对酱油酿造的认识从敬畏自然、探索自然到超越自然，实现了制曲技术的全面革新。本节将按时代脉络梳理唐代及之前的酱油技术发展过程，为读者展示一些具有关键性和特殊性的酿造工艺。

魏晋前的自然探索：顺应天时，巧夺天工

“前酱油”时期的“醢”，是指半流体酱品阶段的肉酱。后来，肉酱又发展成豆酱。“准酱油”时期的液体酱清，在形态和功能上已初具酱油雏形。而从半流体酱品或固体豆豉到液体调味品的变化，正是酱油发展的重要转折点。

当然，酱油酿造工艺并非一蹴而就，初期的酱油与后来的酱油相比，在制曲、发酵等环节均有较大差异。酱油原本是制酱时的伴生品，因此，酱油的生产受到制酱技术改进的直接影响，并在此基础上形成了其独特的酿造工艺。

汉代（东汉）已有大豆制酱油的先例，东汉崔寔的《四民月令》载有最早关于豆酱制作工艺的条例，其中的“清酱”即指末

都（豆酱）清汁，是早期的酱油产品。豆豉发展而成的类酱油产品亦有记载。“豉汁”的制作最初见于曹植诗作“煮豆持作羹，漉豉以为汁”，可见当时豉汁提取采用的是物理过滤的简易手法。

脯炙，以饧密豉汁淹之，脯脯然也。（《释名》）

从字面义理解，“豉汁”即是由发酵豆制品豆豉提取的调味汁，就此处记载来看，豉汁在形态和功能上与酱油相似，因此可算是酱油工艺发展的又一路径。

由上可知，汉代的酱油分“清酱”“豉汁”两类，至于其制作方法，由于年代久远，并无详细记载，唯有一些零碎的边角料。

世讳作豆酱，恶闻雷。一人不食，欲使人急作，不欲积家逾至春也。（《论衡·四讳篇》）

雷不作酱，俗话令人腹内雷声。（《风俗通义》）

以上两则材料说的是人们忌讳雷雨天作酱的迷信行为，如今看来，可能是当时工艺水平落后，无法控制杂菌，只好诉诸迷信。

虽然雷天不作酱是先民对仙神的敬畏，而非自觉的科学意识，但这显然成了某种民间共识与默契，说明时人已于生产实践中获得了一定的朦胧经验，只是尚未沉淀为完备体系。

从现代酱油制作的角度看，“雷鸣不作酱”似乎也并非完全没有道理——毕竟做酱发酵要晒太阳，潮湿会影响制作效果。

北魏贾思勰撰写的《齐民要术》，作为我国现存最早最完整的一部大型综合性农书，其中就涉及作豉汁、作酱工艺的记载。

制豉汁条：豉汁于别铛中汤煮一沸，漉出滓，澄而用之。勿以杓

(sháo)柂柂则羹浊过不清。煮豉但作新琥珀色而已，勿令过黑，黑则䤬(jiǎn)苦。(《齐民要术·羹臛(huò)法》)

作麦豉法：用时，全饼著汤中煮之，色足漉出。削去皮粕(pò)，还举。一饼得数遍煮用。热、香、美，乃胜豆豉。打破，汤浸研用亦得。然汁浊，不如全煮汁清也。(《齐民要术·作豉法》)

上述二法皆通过以豉煮汤、漉去渣滓的方式提取酱汁，可见，魏晋时制豉汁法同曹植所处的三国时期一样，还是采用较为原始的过滤法。

《齐民要术》还有最早关于作酱工序的完整、详细记载，“作酱法”展示了诸种酱品的制作流程，是唐以前制酱工艺的代表，其中与酱油相关的是“作豆酱法”“作麦酱法”。

作豆酱法：十二月、正月为上时，二月为中时，三月为下时。用不津瓮，瓮津则坏酱……十日内，每日数度以杷彻底搅之。十日后，每日辄一搅，三十日止。雨即盖瓮，无令水入。水入则生虫。每经雨后，辄须一搅。解后二十日堪食；然要百日始熟耳。

概而言之，其工艺流程大致如下：

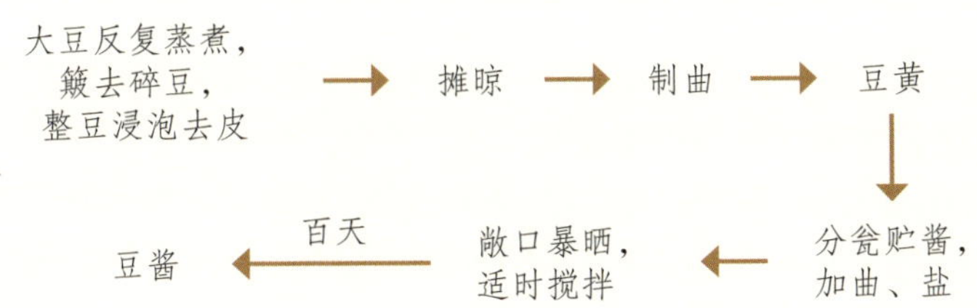

《齐民要术》作豆酱法

作麦酱法：小麦一石，渍一宿，炊，卧之，令生黄衣。以水一石六斗，盐三升，煮作卤，澄取八斗，著瓮中。炊小麦投之，搅令调匀。覆著日中，十日可食。（《食经》）

其流程归纳如下：

小麦浸水，煮熟放凉 → 制曲（生黄衣） → 卤水和曲拌匀，著瓮中 →（百天）→ 暴晒 → 麦酱

《齐民要术》作麦酱法

由此观之，魏晋时期酱油制作工艺有了完整记载。“豉汁”的提取仍停留在物理过滤层面，但从作酱工序看，当时已具备初步的制曲发酵技术——酱料和酱曲分开制作，为后世酱油技术的发展奠定了工艺基础。

唐代的作酱新风：我酱由我不由天

唐代时，酱油工艺得到突破性发展。首先，是破除汉代所谓“雷鸣不作酱”的迷信。

李匡乂（yì）《资暇集》称："合酱人间多取正月晦日，是日偶不暇为之者，则云时已失，大误也。案昔王者政趋民，正月作酱，是日以农事未兴之时，俾民乘以闲隙，备一岁调鼎之用。故绐云：雷鸣不作酱，腹中当鸣。所贵今民不于三二月作酱，恐夺农事也。今不躬耕之家，何必以正（月）晦（日）为限，亦不须避雷，但问蘖曲得法否耳。"

翻译成现代文字，从前多在正月作酱，是因为正月不是农时，得乘此农闲时候准备酱品，雷鸣不作酱只是避免耽误农事的迷信说辞。二三月乃农忙之时，其时多雷雨，故有"雷不作酱"之说。因此，不事躬耕的人家不需要将作酱时间限定在正月。

此说不仅能科学解释雷雨天不作酱的现象，还说明唐时的制酱工艺已能一定程度突破气候等条件束缚，不似魏晋那般局限于固定时间。

其次，唐代还发展出全部制曲工艺，实现原料一次制曲。制咸豉法与十日酱法二者的工艺流程相似。[2]唐代以前，传统的制酱工艺包括两个主要步骤：首先，制作酱麹（即"曲"），这是一种由曲霉和它的培养基（多为麦子、麸皮、大豆的混合物），制成的块状发酵剂；其次，将酱麹和大豆放在一起，混合制酱。

此外，唐代出现了干制"酱黄法"，这种方法是将小麦、大豆混合做成"酱黄"，再晒干以备后续使用。这一工艺简化了制

2　赵荣光：《中国酱油的发明、工艺演进及其文化历史流变》，《饮食文化研究》2005年第1期。

酱工序，将原来先制酱麹再制酱的两个步骤合并为一，提高了生产效率。现在仍广泛传承的“酱坯＋盐＋水”的家庭制酱法，就是在此基础上演变而来的。《四时纂要》中做酱制曲的记载如下：

豆黄一斗，净陶三遍，宿浸，漉（lù）出，烂蒸。倾下，以面二斗五升相合拌，令面悉裹却豆黄。又再蒸，令面熟，摊却大气，候如人体，以谷叶布地上，置豆黄于其上，摊，又以谷叶覆之，不得令大厚。三四日，衣上，黄色遍，即晒干收之。要合酱，每斗面豆黄，用水一斗、盐五升并作盐汤，如人体，澄滤，和豆黄入瓮内，密封。七日后搅之，取汉椒三两，绢袋盛，安瓮中。又入熟冷油一斤，酒一升，十日便熟。味如肉酱。

即是说，要制酱，需先做出一斗豆黄，即豆瓣或豆曲，用于发酵。先将黄豆洗净淘水三遍，浸泡一夜后过滤出干净的大豆，上锅蒸熟至软烂。再将蒸熟的黄豆与两斗五升面相混合、搅拌至面粉全都包裹住豆黄。再上锅蒸，使面熟透，铺平摊开散出热气，待其降温至接近人体温度。接着把谷叶铺在地上，把豆黄放在上面，摊开，再盖一层谷叶，注意不要铺得太厚。经过三到四天的自然发酵，豆黄像衣服一样覆盖在的谷叶上面，布满了黄色，表明豆黄发酵成熟，将其晒干备用。等到要合起来做酱时，每斗面粉和豆黄，配一斗水，五升盐一起加热，达到一定温度后冷却至接近人体温度。然后过滤澄清，和豆黄放入瓮中密封，七天后搅拌，并加入用绢袋装着的三两汉椒，一起放在瓮中，再加入一斤熟冷油，一升酒，十日后便熟了，味道和肉酱一样。

《四时纂要》中记载的豆、面全部原料都参与制曲的模式，极大地节省了原料，符合小农时代人们对节省谷物的需求，体现了古代中国人在食品加工技术上的智慧和创新。这种节约原料的制曲工艺在一定程度上促进了酱油的推广。

此前《齐民要术》中描述的取“酱清”模式会残留许多酱渣，对于当时还致力于吃饱的农民来说，这种为了好口味而造成的粮食浪费是难以接受的，也就意味着这种模式不能普及，酱油的推广也会因此受限。不过根据《齐民要术》的记载，酱油十分符合中国人的口味，社会上对此的需求很大，为了满足人民对口味追求和节约粮食的要求，上述“全部制曲”工艺应用于酱油酿造工艺是必然的。

这种工艺能够强化微生物酶解作用、提高原料利用率，很快就取代了传统制酱工艺，也为制酱油工艺革新做了准备。此外，《四时纂要》里所记的制酱时加入汉椒调味的做法，也为后世酱油酿造时进行调味提供独特思路。

第三节 元明清时期：古法酿造酱油的雏形与巅峰

上节详细介绍了唐代及以前制曲工艺的革新，这对后世制酱、酿酱油有深远影响。但是，关于酱油酿造技艺在这种“全部制曲”工艺基础上革新的文字记录，要等到明代中晚期才出现。早期对做酱油方法的记录都比较简单，目前发现的最早的酱油酿造方法的记录在元末。

元明新气象：古法酿造酱油的雏形初现

元四家之一的倪瓒，号“云林”，是一位怪才，性情孤傲，画画讲究追求超脱高洁。看他的画，或许会觉得他不食人间烟火，然而实际上，他对美食有着特别的兴趣和研究，是一位热爱美食的鉴赏家。

他晚年隐居于太湖潜心研究菜谱。家中原本有座“云林堂”，他便用此堂命名这本菜谱——《云林堂饮食制度集》。这本菜谱收录了包括烧鹅、青虾卷、新法蟹、雪庵菜等菜肴在内的五十余种菜谱，做法简单，却别有一番风味，至今仍受到人们的喜爱和推崇。

这位口味刁钻的大画家，在《云林堂饮食制度集》开篇便记载了酱油的制作方法：

酱油法：每黄子一官斗，用盐十斤足称，水廿斤足称，下之须伏日，合下。（《云林堂饮食制度集》）

“云林堂”中的倪瓒

即是说：做酱油要用一官斗黄豆、十斤盐和水二十斤，在伏天生产。

倪瓒所言十分简洁，仅是将原料、用量和时间做了交代，这也契合他作画“逸笔草草”、文字简明扼要的文人情趣。

若要进一步了解早期酱油的酿造工艺，还可参考同时期知名食疗家韩奕在《易牙遗意》中的记载：

又酱油法：黄豆接去衣，取一斗净者下盐六斤，下水比常增多。熟时其豆在下，其油在上也。

这一记载比倪瓒要详细一些，他指出做酱油时需要将黄豆搓去外皮，取一斗去衣的黄豆，加入六斤盐和比常规方法更多的水，发酵好后，豆子沉淀在底部，酱油则漂浮在上面。这两种方

法在制作酱油的原则上颇为相似，都强调了盐和水的重要性，倪瓒的方法盐、水用量都很大，并精确记载盐和水的比例是1：2。

这类似于现在常用的高盐稀态发酵工艺，温度低，发酵时间长，味道更好。韩奕的描述对豆的处理更加具体，涉及如何处理大豆以及发酵成熟后的情况。

从这些记载中，可以明显看出，这些方法生产目的很明确，都是专为生产酱油而行动，而不是先前“从酱中取一点汁”或“先做酱，后对酱进行煮沸过滤取汁”的提取酱油的过程。

倪瓒和韩奕都是元末明初人，二者所处时代相差不远，所记载的方法也比较相似，这应是当时比较常见的酿酱油的方法。由此可以认定，至少在明初期，生产酱油已经是一门独立的工艺了。

此后明代的许多著作都提到了做酱油的方法，比较有代表性的是李时珍《本草纲目》中的“豆油法”和戴羲《养余月令》中的“南京酱油方”。

李时珍《本草纲目》中的“豆油法”如下：

用大豆三升，水煮糜，以面二十四斤，拌罨（yǎn）成黄，每十斤入盐八斤，井水四十斤，搅晒成油，收取之。

这段描述更具操作性，详细说明了大豆的预处理过程，即将三升大豆煮烂后，加入二十四斤面粉，搅拌后掩盖发酵，形成豆黄。制成后，取十斤处理好的豆黄，加入八斤盐和四十斤井水，搅拌晒干即制成“豆油”。根据原料、比例和方法，可明显看出，“豆油法”所制之物，实际上是酱油。现在福建闽南地区方言中，酱油仍被称为“豆油”。

该方法中制作豆黄的技术和《四时纂要》中所记十分相似，这进一步证实了“全部制曲”工艺在酱油酿造技术革新中的重要作用。

从倪瓒、韩奕和李时珍记录的方法中可以看出，尽管大豆、盐和水的比例在不同记载中有所差异，尚未形成统一的酿造标准，但原料比例的逐渐明确和技术的不断进步是显而易见的。同时，李时珍记载的方法，用水量是倪瓒记载方法的两倍，原料的用量逐渐增多，证明酱油的需求量在不断增长。

与明代初期的制酱油方法相比，明代中期李时珍所记的方法在原料中增加了面粉这一项，这是酱油生产上的一大改进。自然，也存在仅使用大豆制作成的酱油——比如福建的琯头法豉油和日本溜酱油，但加入面粉制作酱油的做法更为常见。

究其原因，或许有三：

其一，地区差异。福建、日本等国家和地区不产小麦，面粉不多，从因地制宜的角度考虑，制酱油时不加入面粉也是很自然的选择。

其二，为口味考虑。加入面粉的酱油，风味更佳，现今的酱油普遍添加面粉可以证实这一点。

其三，技术原因。古代几百年来的酱油生产中，人们达成了一个共识，即将原料全部制曲，在曲料中添加适当的淀粉原料，如面粉，这样可以在制曲时提高酶活力，使蛋白质高度水解，提供适宜霉菌生长和酶产生的环境。

另外，原料全部制曲的另一个重要特点是产生大量菌丝体以

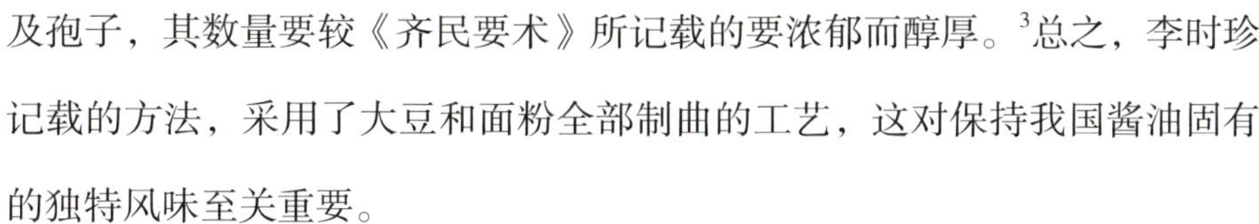

及孢子，其数量要较《齐民要术》所记载的要浓郁而醇厚。[3]总之，李时珍记载的方法，采用了大豆和面粉全部制曲的工艺，这对保持我国酱油固有的独特风味至关重要。

另一重要记载“南京酱油方”，则保存了做酱油的完整操作工艺，对后世产生了重要影响。

戴羲是晚明人，曾在崇祯年间担任光禄寺典簿一职，主要负责管理宫廷的后勤饮食资料。因此，戴羲积累了丰富的农业和食品加工知识，这些经验为他后来的著作提供了宝贵的第一手资料。他所撰写的《养余月令》主要记载了明代许多农业知识和加工农产品的操作方法，内容较杂，基本都是转引前人著述编辑而成。书中特别详细记载了“南京酱油方”：

南京酱油方：每大黄豆一斗，用好面二十斤。先将豆煮。下水以豆上一掌为度。煮熟摊冷，汁存下。将豆并面用大盆调匀，于以汁浇，令豆、面与汁俱尽，和成颗粒，摊在门片，上下俱用芦席，铺豆黄于中，罨之，再用夹被搭盖，发热后去被。三日后，去豆上席。至一七日取出，用单布被摊晒，二七晒干，灰末霉尘俱莫弃莫洗。下时，每豆黄一斤，用筛净盐一斤，新汲冷井水六斤，搅匀，日晒夜露，直至晒熟堪用为止。以篾筛隔下，取汁，淀清听用，其末及浑脚，仍照前加盐一半、水一半，再晒复油取之。脚豆极咸，可以各菜及萝卜切碎拌匀，晒干收之。可当豆豉，但微有沙泥耳。

意思就是，做酱油前需要准备好150斤大粒黄豆和20斤优质面粉。首

3　包启安：《酱及酱油的起源及其生产技术（五）》，《中国调味品》1993年第3期。

先，将黄豆煮至熟透，水位大约高过豆面一掌，煮熟后，放置摊凉豆子，并留下汁水。其次，将煮熟的豆子和面粉混合在一起，在大盆中搅拌均匀。将保留的汁水倒在干的豆面混合物上，直至用完黄豆、面粉和水。搅拌成颗粒状后，摊放在门板上，上下都用芦席盖住，此时黄豆在里面开始发酵，再在外面再裹上一层保温的被子。如果发现发热，便去掉被子。三天后，去掉豆上的芦席。七天后，取出发酵好的豆子，此时豆子已经变成了豆黄。将豆黄摊放在单被子晾晒，再过七天晒干。细小的碎粒粉末不可丢弃，也不宜洗掉。每1斤豆黄配上1斤筛过的干净盐，和刚刚抽上来的6斤凉井水，混合均匀后放入缸中，一起发酵。白天晒阳光，夜晚吸露水，高温加速分解和形成色泽，低温促使产香酵母繁殖，一直晒到熟了即能食用为止。最后，使用篾筛取出汁，沉淀清澈后即可得到可食用的酱油。对于剩余的沉淀物和发酵底物，可以按照前述方法再次加盐和水，不过用盐量和用水量都减半，晒熟后，也能取出酱油。最后留下的脚豆非常咸，可以与菜或者萝卜一起切碎，拌均匀，晒干后收回做成豆豉，不过可能会略带泥沙。

若再简化，制酱油的主要过程则可表示如下：

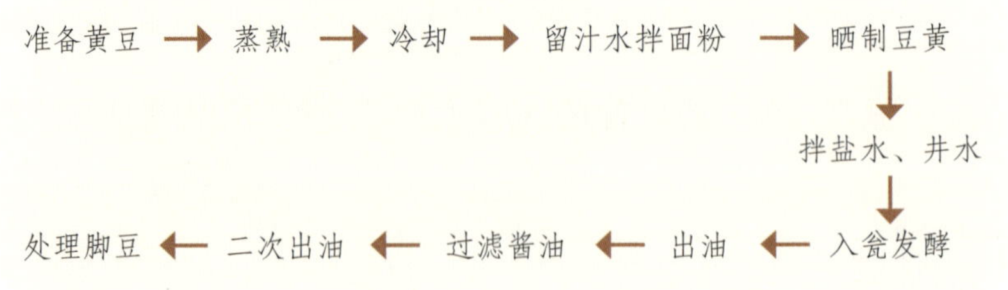

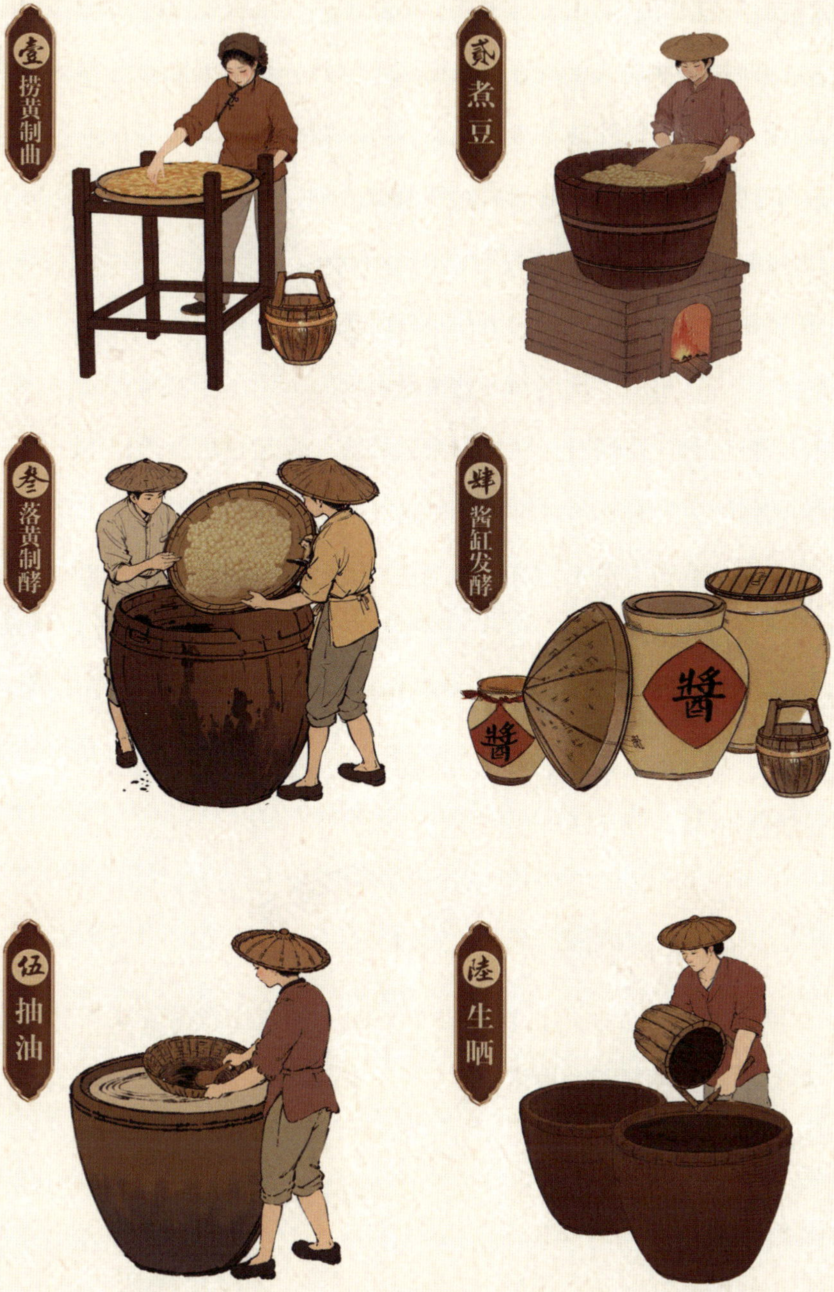

壹 捞黄制曲

贰 煮豆

叁 落黄制酵

肆 酱缸发酵

伍 抽油

陆 生晒

戴羲“南京酱油方”中制作酱油的工艺

“南京酱油方”提供了一个详尽的酱油制作流程，包括原料比例、制曲和滤油等关键步骤。根据这个步骤，基本可复刻出古法酱油。与之前的提到的方法相比，“南京酱油方”交代了如何取油，如何二次取油以及取油后对残渣的处理，体现出酱油生产的精密化和充分利用原料的节约性。

在精耕细作的小农时代，节俭不仅是美德，更是生活所需，“南京酱油方”里的二次出油和残渣做豆豉，展示了小农时代勤俭节约的生活哲学。同时，从“南京酱油方”命名也可看出，不同地区的酱油生产有着各自的特色和地域差异。

明代酱油酿造方法不止有“豆油法”和“南京酱油方”，还有生产“墨流酱油”“铺淋酱油”“大麦酱油”“青酱”等产品的诸多特色技术。当时衍生的“墨流酱油”和“铺淋酱油”都是名贵酱油，今天前者以北京天源酱园所产最为有名，后者以六必居所产更具盛名。

“墨流酱油”的传统制法是将快要成熟的酱料放置在木制槽形的“酱堡”内，使酱油自然滴入下方的小缸中，再进行封装而成。

“铺淋酱油”的制作过程则稍有不同，是在酱料尚未成熟时，将其放置在由新苇席搭建的架子上，使其渗出“油”来，酱液从铺上淋入铺下缸中，然后将淋出的酱油放在阳光下继续晾晒制作，自然发酵，最终制成的酱油色泽黑红，酱香浓郁。[4]

4　刘宁波：《北京民俗》，甘肃人民出版社，2003，第62页。

“大麦酱油”的做法是将一斗炒熟的黑豆，浸泡在水里半天后煮烂，与二十斤大麦面拌匀混合，筛下面粉，用煮豆汁和剂切片，蒸至熟后，遮盖起来做成豆黄，之后晾晒并捣碎。每斗做好的豆黄，加入二斤盐，八斤井水，经过晒制后，制成的酱油色泽黑亮，味道甜美，汁液清澈。

大麦酱：用黑豆一斗，炒熟，水浸半日，同煮烂。以大麦面二十斤拌匀，筛下面，用煮豆汁和剂切片，蒸熟罨黄，晒捣。每一斗，入盐二斤，井水八斤，晒成。黑甜而汁清。（《食物本草》）

“青酱法”则是通过在酱缸中放置一个带有网眼的滤框，直接从稀酱中提取出的酱油。这种方法简单直接，能够快速得到新鲜的酱油。[5]

酱油的酿造技艺在明代基本成熟，并拓展出了较多的品类，虽然原料基本相同，都是豆、麦、盐和水，但不同的制作方法带来了不同的风味。总的来说，酱油酿造的环境多是天然晒露，发酵时利用空气中的微生物自然成曲，材料上豆、麦相混，形成独特的“酱香味”。

清代百家争艳：揭秘古法酱油酿造的“私有配方”

清代集前人工艺之大成，形成系统的酱油生产体系，留下了丰富的文字记载。

曾懿《中馈录》载“制酱油法”：

用大黄豆淘净煮熟透，再以小火煮至通夜。次早将熟豆盛于缸内，用麦面拌匀；摊置篾筐内，上覆以芦席。天热时须俟稍凉方能覆盖。三四日后

5 尹桂茂：《味苑》，中国华侨出版社，1990，第97页。

即上黄霉一层。取出日晒夜露。俟干研碎，入熟盐水浸晒。早起日未出时搅一次。日晒夜露，至二十日后即成……至作酱油之定率，每黄豆一斤，配盐一斤，水七斤。水用煮沸者，冲以盐，隔夜澄清，次早备用为宜。

薛宝辰《素食说略》载“造酱油”方：

用大豆若干，晚间煮起，煮熟透。停一时，翻转再煮，盖过夜。次早将熟豆连汁取起，放筛内，俟汁滴尽，用麦面拌匀，于不透风处，用芦席铺匀，将楮叶盖好。三四日，俟上黄取出，晒略干。入熟盐水浸透，半月后可食，或再煮一滚，入坛内泥好，听用。每豆黄一斤，配盐一斤，水七斤。若是腊水酱豆取起，收瓷坛内，经年不坏，再入茴香、花椒末更佳。

童岳荐《调鼎集》中有“造酱油论”五则：

做酱油越陈越好，有留至十年者，极佳。乳腐同。每坛酱油浇麻油少许，更香。又，酱油滤出，入瓮，用瓦盆盖口，以石灰封口，日日晒之，倍胜于煎。

做酱油，豆多味鲜，面多味甜。北豆有力，湘豆无力。

酱油缸内，于中秋后入甘草汁一杯，不生花。又，日色晒足，亦不起花。未至中秋不可入。用清明柳条，止酱、醋潮湿。

做酱油，头年腊月贮存河水，候伏日用，味鲜。或用腊月滚水。酱味不正，取米雹（米粒大的冰雹）一二斗入瓮，或取冬月霜投之，即佳。

酱油自六月起，至八月止，悬一粉牌，写初一至三十日。遇

晴天，每日下加一圈。扣定九十日，其味始足，名“三伏秋油”。又，酱油坛，用草乌六七个，每个切作四块，排坛底四边及中心，有虫即充，永不再生。若加百倍，尤妙。

“造酱油论”五则讲述了做酱油的一些窍门，如添加麻油、石灰封口、选用腊月河水或滚水、投冰雹或冬霜等可优化酱油口感，以甘草汁入酱缸可防止酱油生花，以草乌充坛可防生虫。

顾仲《养小录》有“豆酱油法”二则（红豆酱油、黄或黑豆酱油）及“秘传造酱油方”“急就酱油法”（即速成酱油）：

豆酱油：红小豆蒸团成碗大块，宜干不宜湿，草铺草盖置暖处，发白膜晒干。至来年二月，用大白豆，磨拉半子，桔去皮，量用水煮一宿，加水磨烂（不宜多水）。取旧面水洗刷净，晒干，辗末，罗过拌炒末内，酌量拌盐，入缸。日晒候色赤，另用缸，以细竹篦隔缸底，酱放篦上，淋下酱油，取起，仍入锅煮滚，入大罐，愈晒愈妙。馀酱，酱瓜、茄用。

又法：黄豆或黑豆煮烂，入白面，连豆汁揣和使硬，或为饼，或为窝。青蒿盖住，发黄磨末，入盐汤，晒成酱。用竹密篦挣缸下半截，贮酱于上，沥下酱油。

秘传造酱油方：好豆渣一斗，蒸极熟，好麸皮一斗，拌和。盦成黄子。甘草一斤，煎浓汤，约十五六斤，好盐二斤半，同入缸，晒熟，滤去渣，入瓮，愈久愈鲜，数年不坏。

急就酱油：麦麸五升，麦面三升，共炒红黄色；盐水十斤，合晒淋油。

上述酱油的制作流程以图例展示如下：

红豆蒸熟团块，置暖干处发酵

↓

大豆磨粗粒同去皮桔水煮，磨烂

↓

红豆面团晒干碾末，拌炒豆、桔末

↓

拌盐入缸，晒至色赤

↓

竹篦淋油，入锅煮滚，装罐

《养小录》豆酱油法（红豆）

黄/黑豆煮烂，入白面团块

↓

发黄磨末

↓

入盐水，日晒

↓

竹篦淋油

《养小录》豆酱油法（黄/黑豆）

豆渣蒸熟，拌麸皮

↓

入缸封口，发酵生黄

↓

甘草汤、盐入缸，晒熟后滤渣

↓

酱油装瓮

《养小录》秘传造酱油方

麦麸、麦面炒至红黄色

↓

入盐水，合晒淋油

《养小录》急就酱油方

李化楠的《醒园录》详细记载了几种具有代表性的酱油制作方法，分别是作清酱法（包括“豆黄作清酱”“酱黄作清酱”二法）、逼清酱法（包括“酱笃压取”“酱黄熬煮”二法）、作麦油法（包括“酱黄卤煮”“黄面发酵”二法），更为经典。

朱伟《考吃》一书说道：“至清代，各种酱油作坊如雨后春笋，已有包括香蕈、虾子在内的各种酱油，当时已有红酱油、白酱油之分，酱油的提取也开始称‘抽’。本色者称‘生抽’，在日光下复晒使之增色、酱味变浓者，称‘老抽’。”[6]由此可知，酱油工艺至清代已真正臻于成熟。

在中国古代，春制曲，夏晒酱，秋出油的传统酱油酿造工艺基本没有大变化，仅在用料等细微处有所创新。直到20世纪20年代后，酱油产业引入新曲种，用现代化学知识进行机器大生产，酱油生产逐步现代化，酱油酿造工艺才有较大变革。

6　朱伟：《考吃》，中国书店出版社，1997，第34页。

中国古代酱油发展年表

朝代	名称	用例	工艺	参考文献	发展阶段
先秦	醢		以肉为主要原料	《周礼》 《仪礼》 《礼记》	“前酱油”时期 出现酱油的前身产品——酱
西汉	酱		大豆为主要原料	史游《急就篇》 司马迁《史记》	
东汉	清酱 豉汁	液态类酱油调味汁出现	积攒了制酱的朦胧经验，带有迷信成分	崔寔《四民月令》 刘熙《释名》 王充《论衡》 应劭《风俗通义》	“准酱油”时期 酱油的早期阶段，形态和功能上已初具雏形，但工艺较为简易原始
魏晋	豆酱清 酱清 豉汁 豉清	酱油产品名称多样，被广泛应用于饮食调味	初步形成制曲发酵的作酱技术 采用过滤法获取豉汁	贾思勰《齐民要术》	
唐	清酱 酱清 豆酱清 豆酱汁 酱汁 豉汁	酱油的医药功能得到极大发展	制酱技术进步，打破迷信，发展出一次全部制曲技术	孟诜《食疗本草》 孙思邈《千金要方》、《千金翼方》 王焘《外台秘要》 甄权《古今录验方》 韩鄂《四时纂要》 李匡乂《资暇集》	作酱工艺的发展

续表

朝代	名称	用例	工艺	参考文献	发展阶段
宋	酱清汁 酱油	“酱油”名称正式出现		佚名《小儿卫生总微论方》 刘昉《幼幼新书》 苏轼《物类相感志》 苏轼《格物粗谈》 林洪《山家清供》（学界公认最早记载“酱油”一称）	酱油名称的出现
元	酱清汁 豉汁 酱油		开始出现酱油酿造工艺的记载	佚名《居家必用事类全集》 韩奕《易牙遗意》	酱油工艺的成熟
明	清酱 豆油 酱油		初步奠定了完备的酱油酿造工艺	许浚《东医宝鉴》 高濂《遵生八笺》 李时珍《本草纲目》 戴羲《养余月令》	
清	清酱 麦油 酱油 豆酱油		丰富的酿造技法，形成成熟的酱油工艺体系	《顺天府志》 汪谢诚《湖雅》 曾懿《中馈录》 薛宝辰《素食说略》 赵学敏《本草纲目拾遗》 童岳荐《调鼎集》 袁枚《随园食单》 顾仲《养小录》 李化楠《醒园录》	

第四节 民国时期百花齐放：国酱油PK洋酱油

民国时期外患日益加深，国内也存在崇洋媚外的社会风气。当时社会极为崇尚洋货，因此人们偏好用“洋酱油”。

凡物之极贵重者，皆谓之洋，重楼曰洋楼，彩轿曰洋轿，衣有洋绉，帽有洋筒，挂灯曰洋灯，火锅名为洋锅，细而至于酱油之佳者亦名洋酱油，颜料之鲜明者亦呼洋红洋绿。大江南北，莫不以洋为尚。[7]

这种情况听起来似乎并不太严重，几滴小小的酱油又能有什么影响呢？事实上，被誉为“中国近现代史的百科全书”的《申报》，曾经对民国酱油国货市场的岌岌可危之状以及外国酱油倾销数额之大有过报道。

酱油为人生日常必须之品，向系旧法制造，不特旷发时日，成本增大，而所含养分，往往因各种关系，难于适合卫生，固洋酱油进口数量激增，全国酱销市场，颇有被其侵夺而呈岌岌可危之势。据海关统计，外国酱油近年之输入总额，仅普通酱油一

7 严昌洪：《中国近代社会风俗史》，浙江人民出版社，1992，第78页。

种，其数达643141担。

酱油是生活必需品，但民国时期的传统国酱油酿造成本高、养分低、生产环境差。这给了洋酱油可乘之机，进口数额之大，令人惊心。当时的爱国记者邹韬奋用笔名“心水”，在《生活》周刊上发文指明用洋酱油对我国经济的危害，用“生了一张外国嘴巴”“不可思议”等言语激烈地指责爱吃洋酱油的人，并劝说国人支持国货酱油。

喜欢用洋酱油的朋友们又谁能梦想到区区洋酱油一类的东西，吃起来不过几点几滴的用，竟在经济上替国家挖了一个这么大的窟窿——三年的短时间中耗去了五六千万两，以后更要继长增高！别的东西也许是我国所未能尽有，至于酱油，做中国人的大概总知道是中国自己有的东西，而且并不坏，不吃洋酱油更不会饿死，换句话说，洋酱油一类的食品并不是我们生存上必不可缺的东西，竟有许多身为中国人而偏生了一张外国嘴巴，眼巴巴的望着数千万元的漏卮甘心断送，这种心理真是有点不可思议！[8]

邹韬奋是当时被洋酱油盛行状况刺激到的众多国人之一，这样的情况勾起了许多国人的爱国情感，使售卖国货酱油的企业在当时自然地被赋予了“爱国主义”的重要价值。这些国货也没有辜负使命，结合地域，扬弃传统，推动中国酱油发展史出现新高潮。此外，由于当时全国都受近代新思潮的影响，新式酱油也打上了“卫生”“科学”的标签。总的来说，当时的酱油企业可大致分为三类：一类是外资（特别是日资）建立，一类是传统酱园转型升级，还有一类是新建立的酱油工厂。

8 心水：《小而大的问题》，《生活(上海1925A)》1930年第24期。

洋酱油在民国时期的发展

由外资建立的酱油企业多集中在较早受到外来侵略的地方，日本投资的酱油企业多集中在东北三省。东北地区在地理位置上临近日本，地大物博，土地肥沃，有充足的资源供给。在酱油酿造方面，当地盛产优质大豆、小麦，是原料宝地。

1909年，日本商人加滕米吉成立了“加滕酱油酿造公司”，资本金7万块大洋，是当时哈尔滨酱油投资之最。年生产酱油5000吨，品种有德、福、米、满、加、千等牌号。

1934年，由于日本移民激增，酱油需求量相对增加，先后建立了4家日本酱油工厂。1934年1月建立的“大日本酿造株式会社”和1935年3月建立的“常盘味噌酿造工厂”规模较大，日生产酱油能力在40吨左右。[9]日本比较重视在哈尔滨兴建酱油企业，进行资本剥削，根据《盛京时报》的记载，1937年在哈尔滨市的日本酱油企业就有11家。

小贴士：《盛京时报》是日俄战争后出现观察我国国情的报纸，1906年由日本人中岛真雄创办。名义上是“开通民智”，联络“中日邦交”，实际对日本的侵略行径进行粉饰，是日本对中国进行文化侵略的工具。

日本将对酱油行业的资本输出和利用更发达的技术压榨当地

9 《哈尔滨市地方志》编纂委员会：《哈尔滨市志·轻工业 食品工业》，黑龙江人民出版社，1999，第524页。

居民的行为，描述为传授酱油酿造法，使得“努力市民生活向上”，并宣传道：“分别派遣讲师，于酱油酿造方法详为讲习，农事试验场因教农民利用废物酿造酱油成功，实与农民之生活上一大贡献。”[10]同时在战争期间，日本加紧侵略，酱油等调味品日本国内供应不足，便将化工产业移到伪满洲，企图充分利用当地资源，挤占哈尔滨其他酱园的市场空间，甚至出口美国。

报纸有记：“对于副食品、调味品亦刻不容缓。是以日本产业化学工业曾研究利用大豆豆饼可做各种副食物及调味品。盖有年矣，今以大告成功。现由该工业藤井技师亲到奉天、新京、哈尔滨等处物色设立工厂地址……先造酱油，以供满人之需，间或输出美国。”[11]

哈尔滨市解放后，原日本人开设的酱油工厂均被接收，之后这些工厂合并，更名为“哈尔滨酱菜厂”，隶属于哈尔滨市地方工业局，成为新中国成立后哈尔滨市国有酱油业发展的基础。

传统酱园与新式酱油厂“并驾齐驱”

由日资建立的酱油企业在整个民国时期的中国占比较小，当时国内酱油业还是以老式酱园和新式酱油企业为主。老式酱园发展的优势在于历史悠久，产品销售有保障，且长期形成的独特风味颇受当地人支持。新式酱油企业则更能够“快准狠”地把握市场需求，少走弯路，且对新技术更加容易接受。这两类酱油企业在民国时期的发展得都很好，这一点可以从民

10　《农事试验场》，《盛京时报》1937年9月16日，第6版。
11　《日本产业化工决定一部移满》，《盛京时报》1940年7月17日，第11版。

国时期的农商部国货展览中观察到。

当时外国列强忙于“一战”，对于中国的经济侵略有所放松，且国人受“实业救国”思潮和民族主义情绪影响，会刻意支持国货，在首都开设国货展览会，并广泛倡导，顺应当时的社会形势并奖励工商业。

根据农商部国货展览获奖名单，获奖的酱油品牌和生产者有“辣酱油（匡时化药制造所[12]）、酱油（江苏嘉定晖吉酱园糟坊）、卫生酱油（上海聚康酱园朱锦康）、特别酱油精卫生油（上海乾康酱油厂）、酱油（沈阳监狱）、虾子酱油（上海真鼎阳观）”。[13]

获奖企业中既有以江苏嘉定晖吉酱园糟坊为代表的传统酱园，又有以上海乾康酱油厂为代表的新式企业，还有一些并不专精于酱油生产的企业，如匡时化药制造所、沈阳监狱、上海真鼎阳观。这些并不专研酱油的工厂、企业所酿造出的酱油能获奖，可见当时的酱油酿造工艺并不复杂，稍有进步，比如出品辣酱油、虾子酱油这类调味酱油，便能有所成就，这也侧面反映我国酱油酿造技艺亟待升级。

12　原报纸上写作“匡近化药制造所”，经核查，应为“匡时化药制造所”。
13　《农商部国货展览得奖名单（续）》，《神州日报》1916年2月15日，第7版。

小贴士：匡时化药制造以制造墨水出名，该厂遵循教育部所说的“创造国货先从学校用品入手”，[14]该制造所便按英国法制成红蓝墨水二种。沈阳监狱的罪犯在服刑制作多种工艺品，甚至被司法部监狱司长“极为赞赏”[15]，他将上好的工艺品带到北京以供参观。上海真鼎阳观以酿酒闻名，钱龙章则是名医师。

酱油技艺升级之“卫生酱油”

传统酱油法不被国人选择，主要在于“而所含养分，往往因各种关系，难于适合卫生”[16]，而提高卫生水平又是相对简单的技术。因此，不管是传统酱园的转型升级还是新式酱油工厂为了打响名号，多着力制造“卫生酱油”。

以嘉定晖吉酱园为例，该酱园产出的酱油名“飞鹰牌”。晖吉酱园由清同治年间一位黄姓徽商创办，后有西门外的西溪草堂的黄氏家族参股经营，规模较大。“飞鹰牌”酱油用本地出产的大豆做原料，加工十分严格，生产周期较长、味道鲜美，是遐迩闻名的烹饪佐料。[17]该酱油曾获金奖，且所产出的酱油是“卫生酱油”。

民国《嘉定县志续志》（卷5）记载了飞鹰牌酱油的获奖信息。“宣统三年，义（意）大利开万国工业美术博览会于都朗省征求与赛，本邑亦有物品送往陈赛。得金牌奖黄晖吉之飞鹰牌酱油。”

---

14 《京尘杂录》，《时事新报（上海）》1915年6月10日，第7版。
15 雅：《罪犯工艺品运京》，《盛京时报》1914年12月8日，第7版。
16 《南京新兴工业》，《申报》1936年11月10日，第8版。
17 陶侃：《行走在古典与现代之间（嘉定卷）》，百家出版社，2010，第132~133页。

1914年《神州日报》便对晖吉酱园的产品有所介绍："酱油一项，为日用必需之品。然造作不得法，实为烹饪之害。嘉定晖吉酱园前发明之卫生酱油，原料既精，制法尤为得法。且久贮之，味色不变。经宝隆医院医士考察，谓有除烦解毒之功。年前南洋劝业会及义国都郎埠赛会[18]，华洋第二次出品研究会，均经得奖金牌。此次筹备美国巴拿马赛会特运此品，陈列江苏展览会，以供评议，谅此良好出品必得上评也。"

上述材料先是点明酱油是日用品，制作不得法会对烹饪有害。又说晖吉酱园的"卫生酱油"不仅口感好，制法也得宜。经过长时间存放后，口味和颜色仍然保持不变。经宝隆医院医生考察，发现晖吉酱园的酱油具有除烦解毒之功效。该酱油有这种功效并非空穴来风，其特色还在于以十种中草药合成糟油配方。[19]或许确有功效，但晖吉酱园在20世纪50年代便已消失，真实情况无法考证。

《神州日报》还介绍到，该酱油在义国都郎埠赛会和华洋第二次出品研究会都获得金牌，并准备参加美国巴拿马赛会，在江苏展览会上展出供评议。该报认为嘉定晖吉酱园出品良好，一定能获得上评。但遗憾的是，晖吉酱园的酱油在巴拿马世博会上并未获奖，上海地区唯一获奖的是上海乾康酱油厂。

18　经核查，"义国都郎埠赛会"即为上文意大利都灵的"万国工业美术博览会"。
19　陶继明：《"金牌"酱园问鼎世博》，载练川文主编《流风余韵：嘉定文化拾贝》，上海文化出版社，2016，第134页。

1914年，乾康酱油厂就自制出了卫生酱油。因酱油行业在国内利润空间很大，多年来洋酱油进口量极大，国内急需一款能够与洋酱油抗衡的产品。乾康酱油厂挑选头等原料，卫生合格，并配上精盐，按照时节气候，酿成上等卫生酱油和双套套母顶油，品质醇厚，味道鲜美。1915年，乾康酱油厂在美国巴拿马世博会上荣获三等奖，哪怕只有乾康酱油厂得到奖章，也是中国酱油业的进步。

《江苏地方物品展览会给奖名单（续）》有记录，“酱油，乾康（上海）”。《中华国货月报》有更详细的记载：“滋查有酱油，系上海乾康之出品，经审查委员会共同评议，并由审查长核定，堪以给予三等奖状以示鼓励，除另给铜质三等奖章外，合行填给奖状云云。闻上海酱油陈送展览会者不止一家，乾康独得奖章，亦酱油业之进步也。”

不过随着乾康酱油厂的名气越来越大，社会上也出现了很多冒牌货。1924年，《申报》上专门刊登了对乾康酱园的细致介绍，如有船牌寿星商标及封条，封条采用石版印刷，非常清洁，上有“慎防假冒”字样。同时强调该酱园的具体分店都在法租界，其他地方均未开设，甚至将具体的分店的名字也都列举了出来，即只有文山路乾庚、茄辣路乾庠、维尔蒙路乾广、唐家湾泰康，才是乾康酱油正品。

法租界乾康酱园自开创以来，悉心研究改良，出品各界赞美，如卫生双套套油母油等。均有船牌寿星商标及封条为记。概用石印，异常清洁，封条上末句，系慎防假冒等字样。该园在法租界分有数家，于外埠等并无分设，法租界分号为：文山路乾庚、茄辣路乾庠、维尔蒙路乾广、唐家湾泰康云。

竞争中的酱油企业，还通过牢牢把握本地区特色以抗衡外来冲击。以广东佛山地区的酱油业为例。佛山拥有悠久的制酱历史，是岭南地区最大的制酱中心。佛山第一家酱园——茂隆酱园可追溯到明代万历十年，至清末已有应利（后改名海天）、余同和、余奇新、余其新、余德昌、浩源、永隆、同茂、和益、垣益等十家酱园开业。民国时期新旧酱园40余家，酱园杂店遍布全市。[20]佛山古酱园以生产“生抽王”酱油而闻名，广东人把淡色酱油称为“生抽”，“生抽王”即生抽中最优者的意思，是华南

清末佛山古酱园盛况

20　林乃燊、冼剑民：《岭南饮食文化》，广东高等教育出版社，2010，第179页。

酱油的代表，以味鲜色美，体态澄明，豉香纯正为特色，成为当时珠江三角洲地区人民常买的酱油之一。[21]

但广东地区酱油行业的发展并非一帆风顺。广东地区大部分酱油业一直沿用旧法，1933年，广东建设厅组织广东省工业试验所改良酱油会议。会上，代表们先是向上海代表解释了广东地区制酱油的问题：受气温影响，广东酱油的发酵只能在夏天；因空气中细菌成分复杂，旧法全靠天然，往往需要一年才能完全成熟；由于酱油水分太多且未及时杀菌，广东酱油经常发霉。而后又阐述了科学的酿造方法，上海酱油业代表也给了很多意见。

但上海代表张昌辉在比较了味精和酱油在广东的销量后认为，当地人酱油吃得少，且酱油品质不好。张昌辉目睹了日本酱油在北方的反客为主，又知日本酱油入侵南洋市场，对广东酱油事业有所担心，希望广东能奋起直追。但是，凡事不能一概而论，一地区有一地区的口味。广东口味尚清淡，对提鲜的酱油和味精有所选择也很正常。

广东各地特别是佛山，继续发扬带有地区特色的生抽王，改良旧法，注重保持酱香，提升鲜美且醇厚的口感。这种保持特色的发展道路也能促使产品热销。1935—1937年间，产品“豉油王”年出口量多达1500公斤。[22]

21　冼剑民、周智武：《中国饮食文化史·东南地区卷》，中国轻工业出版社，2013，第308页。

22　佛山市地方志编纂委员会主编《佛山市志 上》，广东人民出版社，1994，第1062页。

特殊的"全华酱油厂"

在新建立的一批酱油工厂中，有一特殊存在——全华酱油厂。该厂脱身于现代化的企业组织模式，采用新技术和新机器，迅速占据长江流域酱油市场。抗日战争时期，西迁四川，在当地继续发展技术、酿造酱油。全华酱油厂属于南京全华化学工业社股份有限公司，主要创始人多为技术官僚和已有成熟化学厂的企业家。

1934年，前国民政府中央试验所的职员史德宽、沈炳华，卫生署的马景森，精盐总会的总干事、久大盐厂的总秘书长钟履坚，南京永利化学工业制造厂的总经理、盐化工专家范旭东创建了南京全华化学工业社股份有限公司。他们在发展民族工业的影响下，招股筹集6万银元，创办该公司。范旭东任董事长，钟履坚任总经理，员工约80余人。主要生产酱油、醋等产品，畅销江苏、安徽、湖北、江西、山东、河南，还有部分产品远销南洋群岛等地。[23]1935年，在结合国内外先进技术的基础上，成立全华酱油厂，该厂生产的全华酱油味鲜而且价廉，特别畅销。

《中央日报》对此记载道："全华酱油公司，顶好牌酱油，鲜味胜似鸡汁，售价便宜，故各界纷纷抢先购买，营业极为发达。"

全华酱油厂的成功有多方面原因。首先，全华酱油厂在原料

23 张庶平、张之君：《中华老字号 第4册》，中国商业出版社，2007，第306页。

方面颇有优势。全华酱油厂则背靠范旭东的精盐厂，能以最低的价格得到精盐。

按当时的酱油成本计算来看，原料价格中食盐最贵，3.1元/斤，小麦不到0.9元/斤，大豆1.82元/斤，而生产出来的头油为4.89元/斤，二油为1.25元/斤。[24]

其次是全华酱油厂有先进的技术。董事长范旭东有丰富且成熟的建设化工厂的经验，建立酱油厂自然也不在话下，还特地在设厂以前，派人去国外考察借鉴。全华酱油厂整体为新建造，采用最先进的设备，大大节约了人力。同时特别详细地对消毒过程予以介绍，即先高温消毒生酱油，然后装入经过杀菌的瓶子，最后全体进行一次杀菌，封盖密封。这样的介绍使人们更了解新式酱油的卫生程度，并更信任其品质。

小贴士：被誉为“中国民族化学工业之父”的范旭东，以制盐、碱、酸闻名，先后创办国内第一个精盐厂、第一个制碱厂、第一个硫酸铵厂等，为中国化学工业的起步奠定了坚实基础。

《申报》对其工厂设施和造酱过程都有记载，特别是详细写出其消毒卫生的过程。

该厂厂址汉西门外二道埂子。屋系新造，占地甚广，所有设备，极为完善，全厂分蒸汽，种曲，制曲，发酵，压榨消毒，分析及制饴等数部分。全用蒸汽与电力发动机器，蒸汽间之煮豆汽锅，高与屋齐，容量之

24 谢韩：《酱和酱油的发展简史》，中国轻工业出版社，2018，第54页。

大，殊属罕见，发酵池系水门汀制造，共有10口，每口可制曲担，小池32口，每口容量36担，焙制小麦之电气及压粉机，尤为特色。

生酱油，尚需用高熟度之蒸汽煮沸，入池消毒，始行装瓶或听。瓶听在装油前，先经杀菌手续，待酱油盛入后，仍须运器杀菌连一次，再行加盖密封。

最后，全华酱油厂还得益于政策的改变。之前国产酱油不得跨区域自由运输销售，进口洋酱油却在全国畅通无阻。这一不合理的规定极大限制了国产酱业的发展。1932年，政府取消酱油运销禁令，准许国内制造酱油，自由运销各地。这使得全华酱油拥有了更广阔的市场，成为首批通销全国的酱油品牌。

全华酱油厂的发展转折点和当时大部分民族工业一样，受到抗日战争的影响。面对严峻的战争形势，范旭东的久大盐厂、永利化工厂纷纷内迁四川自贡。因酿造酱油对环境要求高，对水质、气候、资源都有要求。范旭东和钟履坚考察了四川各地，发现四川乐山徐家扁（现市中区王浩儿街）有适合建酿造厂的自然条件。1938年，全华酱油厂董事会决定将公司迁至乐山徐家扁，并请对发酵学有所研究的黄海化学工业研究社，指导生产。

该地依山傍水，山清水秀，符合卫生条件；上有川西平原，下有宜宾山地，盛产大米、黄豆，乐山、犍为、自贡盛产食盐，生产原料充足；水路交通方便，上至成都，下至重庆、武汉都可

通航，对产品外销十分有利。[25]

全华酱油厂的机器较多较大，难以运输，为了不给日寇留下，便全部烧毁，在乐山新建。工人也全是南京原厂人，不仅为抗日战争增加生产力，还为国家救济了不少技术工人，保留了技术的火种。乐山全华酿造厂逐渐成为西南最大的酿造厂，支援前线。

《大美晚报》对后方的一些企业状况进行了记录，其中就包括全华酱油厂，“全华酱油厂本设于南京，自抗战以后使迁川复业，为南京全部机器均付之一炬。目前资本定额为15万，在嘉定岷江下游建立厂房，并定制有榨压机、磨碎机等，准备酿造酱油及味精等。全部工人皆南京原有者，该厂在川复业。不但为抗战增一份生产力，亦为国家救济不少技术工人耳。”[26]

全华酱油厂一直重视发展技术。1946年，全华酱油厂聘请内迁乐山的武汉中央技术学校教授、黄海化学工业研究社研究员方心芳任经理和总技术师。方心芳在乐山全华酿造厂改造大曲，试制麸曲和糟曲，并在大曲培养时接入纯种酵母和曲霉菌。[27]方心芳还办刊物，出版发行了《黄海发酵及菌学特辑》。该刊物是我国第一种关于发酵微生物的学术期刊，团结了一批大后方的微生物界和发酵工业界人才。黄海化学工业研究社的研究人员和中央技术学校的学生以该公司为实验基地，开展一系列微生物发酵产品的研究课题，发表很多高质量的科研论文，培养了一大批从事化工与食

25 张庶平、张之君：《中华老字号 第4册》，北京：中国商业出版社，2007，第306~307页。
26 霓裳：《在战争中长大起来 后方工业生产概况》，《大美晚报》1939年7月20日，第7版。
27 张在军：《发现乐山：被遗忘的抗战文化中心》，福建教育出版社，2016，第220页。

品微生物发酵方面的学科带头人。在方心芳主持下，全华酱油厂采用纯微生物发酵法生产酱油，成为国内最早采用自行分离的黄曲霉培养酱油曲的厂家，酱油产量、质量、产出率大幅度提高。同时，还建立国内最先进的实验室，配备显微镜、微生物培养箱、“雷磁”离子检测仪、比色管等设备。当时国内比较先进的检测仪器和试剂，该实验室中都有，此处为抗日战争时期中国微生物工业研究实验的一个基地。[28]

后方还有很多酱油企业，在艰苦奋斗中不忘发展生产。抗日战争打响后，上海老同兴酱园为自保，西迁入四川自贡，用“新法”（霉菌发酵）生产酱油，生产周期仅为30天，并采用“压榨法”淋油，用玻璃瓶装，提高了卫生质量，各酱园亦相继效法。崇福荣、邱季光酱园修建无菌种曲室，进行微生物酿造，生产出的酱油产量、质量都得到提高。同协公酱园主王九一多次到成都、重庆参观“新法”酱园厂，并从上海购回日本酱油菌种，建种曲室进行培植，生产的酱油取名“科学酱油”。[29]

民国酱油企业呈现了百花齐放的新局面。酱油企业的发展受到洋酱油的倾销的刺激和国人购买国货的激励，也得益于酱油酿造技术的进步。酱油企业的发展，也反过来改善了洋酱油

28　张庶平、张之君：《中华老字号 第4册》，中国商业出版社，2007，第306～307页。

29　自贡市食品工业办公室主编《自贡市食品工业志》，四川人民出版社，1994，第88～89页。

大行其道的情况，满足国人需求并进一步激发了国人的爱国热情，而且，企业将实验室里的技术落地后，又促进了酱油酿造技艺的进一步升级。

中國味道

第三章

黄豆、小麦与酱的共同成就

自西汉始，酱油最主要的原材料是大豆（以黄豆为主，二者概念可以互换），后至明代有了小麦的强势加入，形成稳定的制酱工艺，二者在酱及酱油的发展中有着特别的地位。大豆起源于中国，传播到世界各地，小麦起源于两河流域，在中国本土化，二者的发展路径有什么区别呢？又是如何与酱及酱油共同成就？

第一节 世界大豆，源于中国

大豆是起源于中国的古老作物，是“五谷”之一，已经有几千年的栽培历史。商周时期，我们的祖先开始广泛栽培大豆，餐桌上的野生大豆开始减少。进入春秋时期，大豆地位迅速提升，成为主食之一。而到了汉代，大豆正式由主食变为副食。大致在战国秦汉之际，大豆作为副食品的加工和食用已经出现。在这样的背景下，豆酱在西汉时期诞生，并逐渐取代肉酱成为我国酱类的主流。一千多年来，制作豆酱的方法始终在经历着优化、改进、创新，并传承至今。

大豆驯化记：从野生到栽培的转变

人类文明的进步是在人们不断认识、利用和改造自然的过程中逐步实现的，原始农业也是通过长期的作物采集和渔猎活动而逐渐发展起来的。

大豆作为中华农业文明的重要基因、食物原料的重要来源之一，也经历了从野生到栽培、从主食到副食品、从主要出口到依靠进口的历史变迁过程。[1]

我们日常讨论、食用的大豆实际上都是人类种植所得，也就是所谓

1 石慧、王思明：《大豆在中国的历史变迁及其动因探究》，《农业考古》2019年第3期。

“栽培大豆”。栽培大豆是由野生大豆逐渐进化发展而来的栽培品种。

考古学家在2013年开展对河南舞阳贾湖遗址的发掘和浮选工作，在10个遗迹单位中发现了距今8500—8000年，共131粒野生大豆遗存，这说明我国采集、食用野生大豆的历史是十分悠久的。[2]据科学考证，中国的野生大豆是公认的当今世界所有大豆种的祖先种。全世界的大豆属共有九个种，分布于亚洲、澳洲及非洲。对此，《中国农业科学技术史稿》中做过详细说明：

因为两者的染色体数相同2n=40，两者的染色体形状、植物形态、地理分布和种子蛋白质的电泳分带模式等都很类似。彼此间没有基因流的障碍，可自由杂交。其杂种第一代属中间类型偏野生种，类似交错分布在栽培大豆田间和野生大豆地之间的半野生大豆（也称半栽培大豆）。[3]

在发现、食用野生大豆后，古代先民们经过不断的培育和驯化，又培育出了全世界最早的大豆栽培品种，大豆成为“农业四大发明”之一。

最迟不晚于商周时期，我们的祖先开始广泛栽培大豆。大豆古时称为“菽”，甲骨文中没有这个字，但周代青铜器上有出现，且在先秦文献中曾多次被提及。

艺之荏菽，荏菽旆旆。（《诗经·大雅·生民》）

2 张居中等：《河南舞阳贾湖遗址植物考古研究的新进展》，《考古》2018年第4期。
3 梁家勉：《中国农业科学技术史稿》，农业出版社，1989，第20页。

中原有菽，庶民采之。(《诗经·小雅·小宛》)

岁聿云莫，采萧获菽。(《诗经·小雅·小明》)

根据理解，“采菽”应指采集野生或半野生大豆种子，“获菽”是指收获人工栽培的大豆，换言之，西周人民既习惯于采集野生大豆也经常种植大豆，可见大豆仍处于从野生到驯化、二者共存的初期阶段。

黍稷重穋，禾麻菽麦。(《诗经·豳风·七月》)

凡菽种类之多，与稻、黍相等，播种收获之期，四季相承。果腹之功在人日用，盖与饮食相终始。(《天工开物》)

黍和稷（即粟、小米）是当时最重要的粮食作物。可见，到春秋时期，大豆和黍、稷一样，成为日常大田作物之一。从考古发现来看，春秋时期栽培大豆品种趋于成熟。

我国东北、华东、华北、华中、西北等多地均出土过春秋时期以前的半栽培或栽培大豆品种，大豆在古代中国经历从野生到栽培的进化过程，到商周以后栽培大豆品种趋于成熟。[4]

向世界扩散，早期的谷物移民者

豆，本是指一种饮食器具，甲骨文字形象一个有盖子的高脚盘，后来也被用于指代豆科植物，豆和菽的读音在古代是相通的。后来又出现“大豆”这个词，这个称呼首次见于西汉《氾胜之书》。之所以改“菽（shū）”为大豆，是“为了与汉代以后从城外传入的豆类相区别”。

4 石慧、王思明：《大豆在中国的历史变迁及其动因探究》，《农业考古》2019年第3期。

历史上，大豆不但满足了我国先民对生存口粮和植物蛋白的需求，还在与不同国家的农业交流中被引种和推广到世界各地，是我国“农业四大发明”之一。

现今世界各国的大豆都是直接或间接从中国传去的，各国对大豆的称呼（拉丁文Soja、英文Soy、法文Soya、德文Soja、俄文Coa），几乎都保留我国大豆古名——“菽”的读音。

与粟、稻相比，大豆走向世界的时间较晚，但它的旅行时间脉络较清晰：

春秋末期战国初期（约公元前5世纪），位于现河北、山东的燕、齐等诸侯国与朝鲜就有往来，大豆可能在此时与水稻一起传入朝鲜，再从朝鲜传入日本。还有一种说法是在公元6世纪时，大豆经由中国东部沿海的海上路线传到了日本南部九州岛。有资料记载，在日本的宫元遗迹和八崎遗迹都曾有公元前300至公元前250年的大豆遗存出土。

公元712年《日本古记事》便有了关于日本种植大豆的记载，有相关章节记述说，“大豆是日本自古以来的五谷之一”。随着佛教在日本的传播，由于禁止杀生的戒律，人们在很长一段时间内都忌食肉类，作为肉类的替代品，人们把大豆当作珍贵的蛋白质来源加以食用。镰仓时代（公元1185—1333年）的武士将“一汁一菜”（一碗味噌汤加一道配菜）奉为基本饮食。即使到了江户时代（公元1603—1868年），日本人也不怎么吃肉，所以大豆在日本被称为“田间之肉”，以其较高的营养价值一直支持

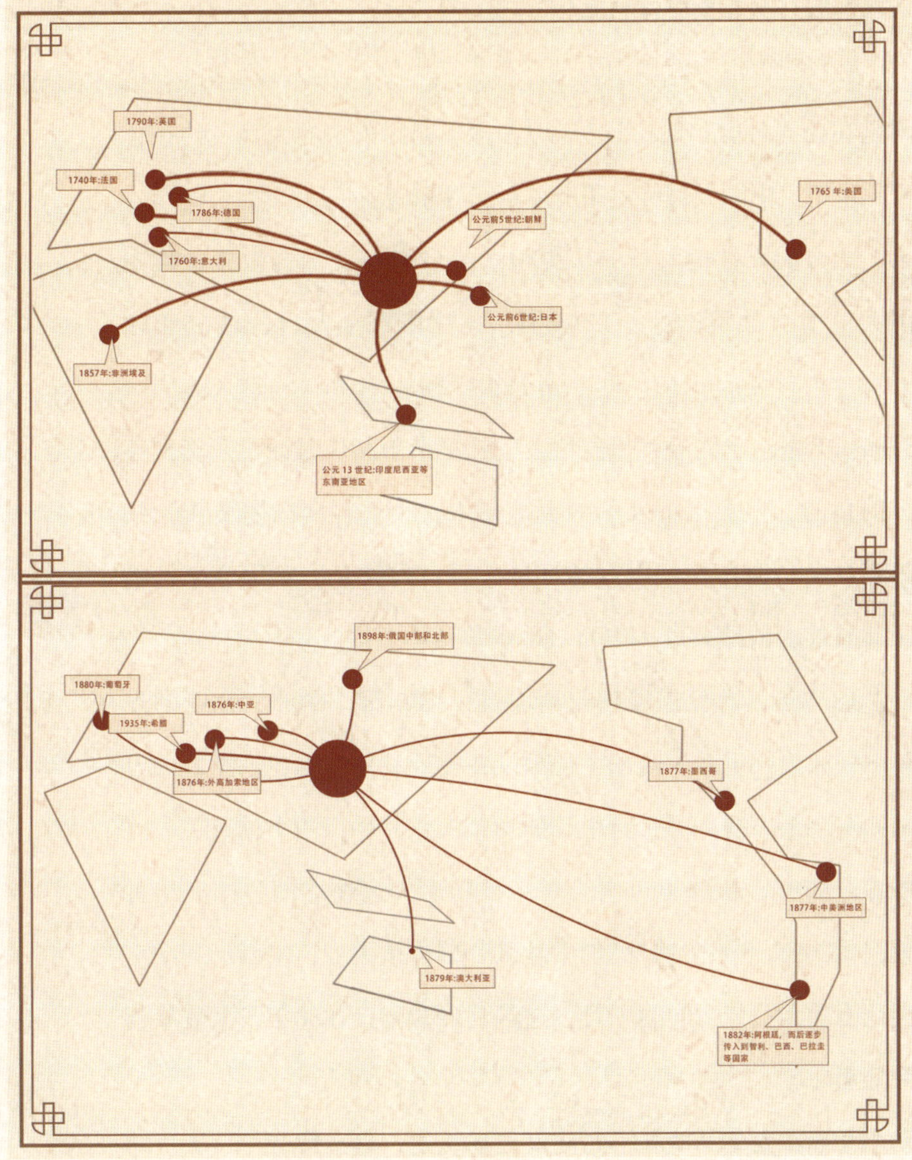

大豆的“世界旅行”

着日本人的身体发育。据说，正是在江户时代，味噌汤和豆腐成了普通百姓的家常食品，酱油生产也变得十分繁荣。后在1879年，日本将大豆作为内政部的礼物送予澳大利亚岛。

在汉代以前，我国南方地区尚不知大豆，所以亚洲南部地区均是在公元1世纪到15世纪地理大发现期间推广的大豆。约在公元13世纪，中国大豆传入印度尼西亚等东南亚地区。

西方国家种植大豆的历史很短，1740年法国传教士曾将中国大豆引至巴黎试种；1760年，大豆传入意大利；1765年，大豆才由曾受雇于东印度公司的水手Samuel Bowen带入美国。Samuel Bowen在佐治亚州种植大豆或是出于制作酱油再贩卖到英国的目的，但在接下来的一百多年中，大豆在美国主要作为饲料存在；1786年，德国开始试种大豆；1790年，英国皇家植物园邱园首次试种大豆，作为一种观赏植物栽培。

1857年，大豆扩展到非洲埃及；1873年，欧洲大豆业的先驱——弗里德里希·哈伯兰德教授在奥地利首都维也纳举办的万国博览会上，得到了来自中日的19个大豆品种，西半球有关大豆的综合研究，在这里迈出第一步，随后大豆在欧洲各国开始种植；1876年，中亚的外高加索地区开始种植大豆；墨西哥和中美洲地区的大豆传入时间则可以追溯到1877年；1880年，大豆旅行到葡萄牙。

大豆在南美洲的扎根时间就更加晚了，直至1882年，大豆才从中国引入阿根廷，而后逐步传入智利、巴西、巴拉圭等国家。巴西大豆引种相对较晚，但发展很快，20世纪50年代，出于土壤改良的目的，巴西开始种植大豆，紧接着向亚马孙雨林进军。目前，巴西已经是世界第二大大豆生产国，远超第三大大豆生产国阿根廷。

1898年，俄国人从我国东北地区带走大豆种子，开始在俄国中部和北部推广；1935年，大豆终抵希腊。

直到今天，中国的大豆已经遍布世界各地。

第二节 大豆的华丽转身：从主食到副食的蜕变

把大豆打成豆浆，煮一下挑上面一层是腐竹，卤水点一下就是豆花，加石膏就是豆腐脑，压一层就是豆皮，压成块就是豆腐，再放臭就是臭豆腐，发毛就是豆腐乳……豆子让国人玩出这么多花样，足以证明它的魅力与潜力。

豆中之王：我国先民的安全感来源

《诗经》中多次记载大豆，如《豳（bīn）风·七月》记载了一年的农事安排，其中就有农历九月“黍稷重穋，禾麻菽麦”之语。

春秋以降，大豆地位迅速提升，成为主食之一。彼时中国粮食作物的种类虽然与以前相比变化不大，但主要作物的地位发生了较大改变。

菽粟不足，末生不禁，民必有饥饿之色。（《管子·重令》）

圣人治天下，使有菽粟如水火。菽粟如水火，而民焉有不仁者乎？（《孟子·尽心章句上》）

可见在当时菽已经和黍稷一样成为主粮的重要组成部分，

“菽粟如水火”的格局改变了一直以来“黍稷为主”的局面。无论是于国家还是于个人，粮食安全永远都是重中之重。大豆成为一般老百姓保驾护航的口粮，被统治者给予高度的重视。

有学者根据文献记载认为，菽常出现在粟之前，可见大豆在战国时期粮食中的重要地位。[5]

这一时期大豆作为主食的加工和食用方法较为简单，与其他粮食作物的食用方式一般无二，也可见饮食惯性，基本是水煮大豆后当作豆饭、豆粥食用。。

孔子曰：啜菽，饮水，尽其欢，斯之谓孝。（《礼记·檀弓下》）

到了秦汉时期，大豆仍是较为重要的粮食作物。

秦二世下令“下调郡县转输菽粟刍藁”（《史记》）——调来周遭郡县的豆谷粮草，以满足兵丁的口粮。

肥醲甘脆，非不美也，然民有糟糠菽粟不接于口者，则明主弗甘也。（《淮南子·主术训》）

如果百姓吃不上豆谷粗粮，那么英明的君主就不会耽于享受。

大豆并不是禾本科作物，能够在“五谷”之中取得一席之地，是因为它的两大优势：“高产”与“保岁”。

高产，顾名思义，是指大豆产量可观。传统社会后期亩产一般在160市斤左右，按照《齐民要术》的记载，一亩也可以收到16石，考虑到魏晋时期生产力水平略低于明清时期，128市斤应该是差不多的。

---

5 石慧、王思明：《大豆在中国的历史变迁及其动因探究》，《农业考古》2019年第3期。

小贴士：后魏制1石为4市升，16石就是128市斤，为市石。下文的石，应为清石，1清石=1.0355市石。

或许这样说大家对于大豆产量位列前五的含金量还没有直观感受，亩产一百余斤在今天算不得什么，但在地广人稀的中古时期，它能跟小米、小麦等其他“五谷”掰上手腕。在古代，能够达到禾本科级别产量的作物堪称凤毛麟角了。

至于英国科技史学家白馥兰（Francesca Bray）所说的“中国人所关切之大豆，主要优点在于产量可观，据称大豆之产量，每亩可收五石至十石。此种收获量可三倍或四倍于小米”[6]，笔者是不同意的，虽然不能低估大豆的产量，但是也绝对不能过于乐观，如果大豆一直有产量三倍或四倍于小米的优势，也就不会有未来的副食化变为配角的故事了。

大豆更大的优势，还在于“保岁”。

保岁其意，一是大豆稳定易收。“保岁”的说法出自西汉农学家氾胜之的《氾胜之书》，就是说大豆能够保证有确定的收获、容易种，古人都用它来防备凶年。在灾荒年间，大豆可以在尚未完全成熟之时提前收割充饥，起到了救济的效果。其实，毛豆就是大豆的幼苗。

大豆抗逆性强，耐旱与耐瘠，《齐民要术》所说“地不求

6　（英）布瑞：《中国农业史(下)》，李学勇译，台湾商务印书馆，1994，第679页。

熟”，能够适合我国绝大部分地区的生态环境。

大豆保岁易为，宜古之所以备凶年也。谨计家口数，种大豆，率人五亩，此田之本也。（《氾胜之书》）

二是大豆能保持土壤的肥沃。大豆的根部含有根瘤菌，可以起到固氮的作用，使土地一直保持一定的肥力，这是我国先民非常卓越的发现。如此一来，就能减缓土壤中氮元素的流失。《陈旉农书》所说“熟土壤而肥沃之”，起到重要作用的就是多数作物生长发育最需要的氮元素。所以种植大豆实现了用地与养地的结合，不仅仅具有经济效益，还有环境效益。

美国农业专家弗兰克林·哈瑞姆·金（F.H.King）在1909年来华访问时就盛赞：“远东的农民从千百年的实践中早就领会了豆科植物对保持地力的至关重要，将大豆与其他作物大面积轮作来增肥土地。”1920年之后，尤其是在经济大萧条时期，由于大豆根瘤的固氮功能，美国干旱区的土地靠大豆来恢复肥力，农场能够增加产量来满足政府的需求，一定程度遏制了西部沙尘暴。

如此可见，大豆不仅利己，还可利他。通过与禾本科作物的轮作，保证禾本科作物粟、黍、麦等的产量，这也是贾思勰在《齐民要术》中的重要思想——“谷田必须岁易”。通过《齐民要术》旱地杂粮的组合与轮作涉及大豆的情况，也可见一斑。

凡黍穄田，新开荒为上，大豆底为次，谷底为下。

——种植黍和稷的土地，以新开垦的荒地为上等，再然后就是大豆底了。

春大豆次植谷之后。

——春大豆在旱谷子之后播种。

种茭者用麦底。

——种植用作饲料的作物，用麦茬地。

与大豆轮作的作物，可以取得1+1＞2的优势，山东有一句农谚叫做“麦后种黑豆，一亩一石六”，就强调大豆肥料作物的地位，特别是在古代没有化肥，依靠“土化之法”取得的农家肥也比较有限，河泥、草木灰、旧墙土、人粪尿、厩肥等肥料的总量其实还是不足的，根本无法去应对那么多的耕地。因此，即使在强调“多粪肥田”的古代社会，土地稳产与高产恐怕还要是依靠众多类似大豆这般的肥料作物。

三是大豆可以直接充当饲料，喂养牲畜。大豆既然是贫困人口的口粮，想来作为饲料也是合情合理，诚如《韩非子》有言“吾马菽粟多矣”。在灾荒年间，大豆也可以用来救荒，大豆还可以在不成熟之时进行收割，起到了救济之效果，称之为“茭”，即茭豆，也就是我们现在所说的毛豆，这种大豆连茎带叶进行青刈，贮藏起来作为牲畜越冬的干饲料，“茭”以收集茎叶为目的，是牛、羊等的良好饲料。这种大豆更是无需管理，还可直接掩杀在土地中作为绿肥。

羊一千口者，三四月中，种大豆一顷，杂谷并草留之，不须锄治，八九月中，刈作青茭。（《齐民要术》）

笔者以为，除了前人经常提及的上述三种“保岁”手段，大豆还有第四层“保岁”价值，即具有丰富的“植物蛋白”，营养丰富。众所周知，中国的畜牧业没有西方发达，中唐之前，我国

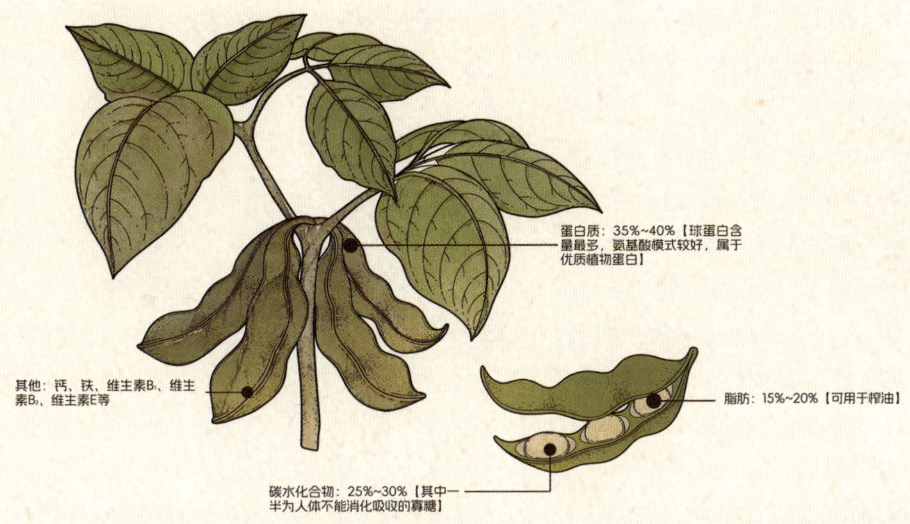

黄豆营养成分

畜牧业还算比较发达的，中唐之后我国的畜牧业，尤其是大牲畜——养马业、养牛业，越来越衰弱，加上我国人口越来越多，特别传统农区人多地少，老百姓普遍穷困，要吃上肉并不容易。

多亏有大豆遏制国人的营养不良。大豆含有丰富的植物蛋白，可以补充蛋白质，这样一来，百姓即使不吃肉或少吃肉也能够满足身体的基本需求。孙中山说："以黄豆代肉类，是中国人之发明。"除食用价值之外，在民国时期，大豆也是350余种工业品的原料，其价值远甚于单纯作为粮食作物。

地位变迁：大豆副食的"开挂之路"

随着粟和麦主食地位的上升，大豆的种植面积开始有所下降。据记载，到汉武帝时期，大豆在农作物中的种植比例已由战国时期的25%降到8%左右，而种植范围已逐渐由黄河流域向长江流域发展，西自四川，东至长江三角洲，北起河北、内蒙古，南到浙江。[7]

贫人则夏被褐带索，含菽饮水以充肠，以支暑热。（《淮南子·齐俗训》）

可以看到，大豆作为主粮的地位已有所下降，主要是贫苦人民的食粮。

自汉代以后，大豆正式由主食变为副食。伴随着中国农业技术的迅猛发展，北方旱地农业精耕细作技术和南方水田农业技术相继成熟，大豆选种育种、防旱保墒（shāng）、作物轮作等栽培技术也有很大进步，大豆种植范围也从最初主要集中于黄河流域进一步扩展到基本遍布全国。[8]虽然大豆种植技术有所进步、大豆种植面积大幅扩大（非大豆种植比重），但大豆在主粮中的地位却呈下降的趋势，小麦后来居上，水稻也逐渐成为第一大作物，大豆则逐渐转向副食品，这也成为了大豆延续至今的主要用途。

事实上，大豆的副食品，在战国到秦汉时期就已经出现，如《楚辞·招魂》中就有："大苦咸酸，辛甘行些。"王逸

7 王绶、吕世霖：《大豆》，山西人民出版社，1984，第17页。
8 石慧、王思明：《大豆在中国的历史变迁及其动因探究》，《农业考古》2019年第3期。

注：“大苦，豉也。”均指豆豉。在湖南长沙马王堆西汉墓还发现有豆豉实物。

通邑大都，酤一岁千酿，醯酱千瓨……盐豉千荅。（《史记·货殖列传》）

芜荑盐豉醯酢酱。（《急就篇》）

魏晋南北朝以后，豆制品的加工进一步向多样化发展，前文我们已经大量列举了《齐民要术》中关于豆豉、豆酱的技术记载。

南北朝时期记载古代楚地节令风物的笔记《荆楚岁时记》记载：每年正月十五要制作豆粥，还要用油覆盖在粥上，用来祭祀神灵。

正月十五日，作豆糜，加油膏其上，以祠门户。（《荆楚岁时记》）

苏轼还专门做过《豆粥》[9]这首词，词中有言“公孙仓皇奉豆粥”。

隋唐宋元时期，大豆种植已基本遍布全国，大豆制品也更加丰富。宋代以降，豆腐开始家喻户晓，大豆也开始用来榨油。

豆油煎豆腐，有味。（《物类相感志》）

近年有人认为“豆浆这一发明的完整出现却要迟至宋元时代”[10]，其实豆腐亦不早于唐末，《清异录》系现存最早关于豆腐的记载。

肉味不给，日市豆腐数个，邑人呼豆腐为小宰羊。（《清异录》7）

宋末元初周密的《南宋市肆记》中记有在市场上出售的豆团、豆芽、

9　熊四智：《中国饮食诗文大典》，青岛出版社，1995，第391页。
10　卢子蒙：《中国古代饮用豆浆的起源与推广》，《农业考古》2022年第4期。

豆粥、豆糕等豆制品[11]。

到了明清时期，大豆各项栽培和加工技术进一步完善，豆豉、豆腐、豆酱、豆油、豆浆、腐乳、腐竹等多种豆制品都有了新的发展，并受到社会大众的接受和欢迎[12]。

回溯到大豆副食之路的开端——战国时期。那时一般老百姓吃的就是“豆饭藿羹”，大豆在“五谷”时代主要作为穷人的主食，可见它并不是一个好的主食，这与大豆日后退出主食的行列、成为配角也息息相关，那么，大豆为什么不是好的主食？

第一，大豆并不好吃。在古代社会，大豆是名副其实的“粗粮”，就如同今天的小米、高粱等杂粮，这并不是单纯的心理因素，而是实实在在的口感体验。作为主食的大豆都是烹煮法食用，这也是长期以来食用各种主食的方式，如此熟化的豆饭味道淡而无味，所以《荀子》有云，“君子啜菽饮水，非愚也，是节然也”，用来比喻君子偶尔生活清苦。

第二，大豆地位低下。也是由于煮豆的食用方式口感不佳，人们对大豆评价不高，高门士族、富家大户以食用大豆为耻。

人类学者研究饮食文化时指出，摄食的选择涉及社会群体的认同。在具有复杂结构的社会里，透过选择性的摄食，可以成为某种社会群体的自我认同，以及与人沟通的形式。[13]就此类现

11　郭文韬：《中国大豆栽培史》，河海大学出版社，1993，第76页。
12　石慧、王思明：《大豆在中国的历史变迁及其动因探究》，《农业考古》2019年第3期。
13　巫仁恕：《品味奢华 晚明的消费社会与士大夫》，中华书局，2008，第286页。

象，曾雄生提出“食物的阶级性”概念，即对于同一种食物，不同阶级和阶层所持之态度及行为方式不同。[14]心理上对大豆的贬低，与食物的阶级性不无关系。

古人对食物的推崇不只出于口感，还追求着所谓的身份认同，品尝珍稀的食物实际亦是在品尝权力。诚如《齐俗训》中的“贫人……含菽饮水以充肠”，将大豆等于同贫人事物，陆游有《初冬有感》诗：“一箪豆饭休嫌薄，赋分羁穷合自知。”也是将大豆定性了。

第三，大豆不好消化。如果说前两点原因见仁见智，不同人体验不一样，大豆不好消化则是客观的科学事实。大豆富含蛋白质、碳水化合物、脂肪、纤维素等物质，是比较难以消化吸收的食物，吃多后容易加重身体消化系统的负担，进而引发胀气。大豆低聚糖也不易消化，在进入肠道内也会被细菌分解而产生较多气体，就会出现腹胀、消化不良的表现。总之，实践证明大豆吃多不利于健康，与禾本科相比弊端较为明显。

第四，大豆凝聚性差。此点解释了大豆为何没能像小麦一样被加工成面粉食用。小麦长期被埋没的原因之一，也是同大豆一样煮食作为麦饭食用，口感不佳，但伴随着石磨的发明、发酵技术的成熟等因素，面粉制作的可口面食大大加速了小麦的推广。理论上，大豆磨成粉是可以更有优势的，因为大豆是很难煮烂的，比较浪费时间与燃料，但是由于大豆凝聚性差，加工成的豆粉很难像面粉一样凝聚成丰富多样的面食，所以大豆粉的利用一途，最终还是归为副食。

14　曾雄生：《食物的阶级性——以稻米与中国北方人的生活为例》，《中国农史》2016年第1期。

自然馈赠：大豆副食的美味传承

不管汉代以前的大豆是不是一个好的主食，到了汉代，大豆依然在土地中占有相当的份额。如前所述“谨计家口数种大豆，率人五亩，此田之本也”，也就是五口之家，共种植大豆25亩。

秦汉时期一般一家百亩，也就是孟子所说的“百亩之田，勿夺其时”，何休注《春秋公羊传》曰：“一夫一妇受田百亩，以养父母妻子，五口为一家。”所以大豆即使失去了主食地位，依然占有四分之一的土地，说明大豆一直是比较重要的作物。

汉代以前，尤其魏晋时期，从《齐民要术》时代开始，史料中对大豆利用的记载越来越倾向于大豆副食化。大豆副食化既归因于前述大豆本身的不足，又是由于小麦地位的抬升，加上大豆的亩产并没有特别的优势，虽然日常必备，但并无必要作为主食。特别是在经历五胡十六国的战乱之后，人口大幅削减，又加上北方一部分地区畜牧业生产规模扩大，养殖用地占据了部分耕地。这样一来，从事农耕的人和用于种植的地变少，需要集中有限的人力精耕少部分土地，因此要选择产量更高的作物，以提高单位面积产量。小麦、小米作为作物亩产量比拼中的佼佼者，无疑是最优选。

因此，汉代以来，大豆逐渐退出主食阵列，但用大豆制作的各种副食品如豆浆、豆豉、豆酱、腐乳、豆腐、酱油等逐渐走上国人的餐桌，成为不可或缺之物。前人多列举大豆副食化的事实，较少有人探究为何大豆以副食的面貌出现，而不是如众多的

大豆副食化的产品

野菜一样为历史所淘汰。笔者认为有以下几点原因：

第一，大豆虽然产量一般，但较绝大多数非主食还是颇有优势，加上生态效益（肥沃土地）与社会效益（植物蛋白）的叠加，使其永远占有一席之地。大豆绝大多数情况作为其他作物的后作出现，在北方与南方均形成了豆谷轮作的格局。

北方为麦豆秋杂两年三熟的形式，即小麦—大豆—秋杂粮（小米、高粱为主，也有部分黍、玉米等），《淮南子》的"禾春生秋死，菽夏生冬死，麦秋生夏死"之语正是这一熟制的真实写照。两年三熟虽然以小麦为核心，大豆却是其中最重要的一环。南方则是豆麦一年两熟的形式，主要应用于非水稻区的山地、旱地区域，《僮约》较早记载了这一熟制"五月当获（小麦），十月收豆"。

第二，大豆找到了石磨这个好搭档。经由石磨，大豆可以被加工成豆面、豆粉，应用性大大提高，虽然如面粉一般被制成多样的制品，但随着时间的推移依然产生了大量的豆制品。作为副食的豆制品在人体内，不仅营养吸收率、转化率更高，胀气等问题也得到了一定意义的解决，弥补了蒸煮大豆的一些不足。

第三，豆制品潜力无穷、种类繁多、滋味各异，上至勋贵下至百姓皆可入眼。虽然直接蒸煮大豆味道较差、难以下咽，但是多样复杂的豆制品缔造了舌尖上的百味。特别是宋代商品经济空前发达，人们对吃得好有了更高的追求，宋代饮食文献数量超越以往，食俗食貌多有开创，或许这也可以解释为何众多豆制品的首次亮相便是在宋代。

宋代黄庭坚有诗“戎州夏畦少蔬供，感君来饭在家僧”，在我国本土蔬菜尤其夏季蔬菜比较紧缺的情况下，主要通过引进的方式增加夏季蔬菜品种，以解决蔬菜供应不足的问题，明代以前虽有引进，但仍难以满足对蔬菜需求。蔬菜不足，最大的缺点便是舌尖上的层次不足，难以充分体验食物的美味与饮食文化的博大精深。繁多的豆制品则较好地解决了这一问题。

第四，豆制品作为素斋，物美价廉。古代社会对素斋十分追捧，素斋不仅以以假乱真的刀工（外在）取胜，更得益于其美味（内在），且完全可以做到如肉一般的滋味。作为副食的豆腐通过加工烹饪，完全可以做到和肉味一般无二。这样既满足了肉食者的需求，又节省了成本。虽然大豆制成豆腐增加了附加值，但是价格依然比较便宜，苏东坡有诗：“煮豆作乳脂为酥，高烧油

烛斟蜜酒，贫家百物初何有。”豆腐成了“贫家”的代名词，但豆腐又非常好吃，前引陶穀（gǔ）《清异录》就说明了这一点，花着豆腐的钱，却足以肉相媲美，岂不美哉？

第三节 黄豆：酱与酱油的黄金搭档

据统计，全世界的豆科植物共有18000种，中国有172属、1485种，而大豆是“豆中之王”，也是最重要的豆科植物。大豆主要分为黄大豆（黄豆，最常见的大豆）、青大豆（青豆）、黑大豆（黑豆）、白大豆（白豆）等种类。从食物史看，黄豆是酱的主要原料，而豆酱则是黄豆副食化的主要途径。由于栽培技术的进步，黄豆产量猛增，于是黄豆酱和豆豉分别衍生出酱油和豉油，使酱、豉和酱油结下亲缘关系。

官酱园“解锁”盐的限制

从宋至清，随着酱油消费的高涨，社会上对黄豆的需求也迅速增长，也推动了酱油经济的增长。以《调鼎集》所记“苏州酱油”为例，130斤黄豆，120斤盐，450斤水，以及二次出油用到的100斤盐和400斤水，共有650斤的出油量，这样大的原材料消耗和出油量证明清代酱油需求量极大，这促使酱油的生产和销售更加规模化，进一步推动了酱园的出现和酱园经济的产生。

酱油要发展生产，要么有充足的原材料，要么提高原料的利用率，“全部制曲”技艺和多次取油技术已经极大地减小了酿酱

油的原材料消耗，在当时的条件下几乎不可能再提高利用率，酱油生产再发展就需要原料低廉且易得的原料，这种需求推动了全国黄豆市场的形成。

酱园想要发展生产，首先要突破食盐的限制。明代食盐虽突破了官府专卖垄断的制约，但转为商专卖后，官商都想从生产、运输、销售食盐的过程中获利，食盐的价格依旧居高不下，限制了酱油的发展。清光绪年间，有识之士提出变法倡议时，还要强调“配盐较大之处（如蛋户、酱园之类）”并斟酌征税，可见酱园难以获得低价盐的现象一直存在。

盐价高的问题需要借助官方力量解决，官酱园应运而生。官酱园能够使用缴纳过“关税”的“官盐”，但官酱园并非是由官府开办的酱园，只是拥有官府许可经营盐的执照——盐帧。

小贴士：盐帧，是一块用火铁烙有“官盐”两字的木牌，意思是“官准经营，不用私盐”，相当于今天企业的营业执照。

有了“盐帧”，就可在酱园两字前面冠以“官”字，官酱园的名称由此而来。官盐的运输专卖权非一般商人可得，盐帧也不例外，一般商人也领不到。最开始，多数开酱园的都是达官贵人，所以官酱园的门面仿官衙，高墙石库门，以显示其气势。实行“新盐法”后，“官酱园”三字成了行业照牌名称，均可用。

酱园的用盐主要受官府监督控制，以浙江地区为例，清同治二年（1863年）官府拟定酱坊开设规则，制定给定执照章程，实施严格管制。商人办酱园必须得到“户部盐漕部院”和“两浙江南盐运使司”两个衙门的许可，还要有盐商担保，才能得到盐漕部院颁发宪烙的“官耨（nòu）网”木质金字版牌和“盐帖”。[15]盐帖载明酱园所设正副缸口数，官府按其生产规模发放盐引，每月每缸配盐500斤。[16]虽然保证了酱园眼前的用盐量，但另一方面也在一定程度上限制了酱园的生产和扩张规模。

盐帧使官酱园在一定程度上打破了盐对生产规模的限制，然而盐的高价带来的高成本仍然制约着酱园的发展规模。

清代《清盐法志》记载，由于盐业专营导致食盐供应不平衡，价格飙涨严重。康熙至宣统近两百年间，盐价涨近十倍。当时一两银子可买300多斤米，但每斤盐需0.04两银子，相当于每斤盐超过12斤米的价格。而酱园用盐成本极高，制约酱油经济的发展。[17]

沿海黄豆市场贸易圈

尽管盐价的问题无法得到彻底解决，但黄豆种植规模的扩大和价格的低廉一定程度上降低了酱油的成本。清代的黄豆种植和贸易行业是比较发达的，原因主要是黄豆自身价值大，产量高，种植性价比高，政府也给与了一定的政策支持，民间依靠豆发家致富，“豆行”繁荣，黄豆贸易发展中甚至出现“期货”这种近

15 《南汇工业志》编纂委员会：《南汇工业志》，方志出版社，2013，第427页。
16 徐清祥：《杭州往事谈》，新华出版社，1994，第84页。
17 谢韩：《酱和酱油的发展简史》，中国轻工业出版社，2018，第39页。

代经济现象。

根据清代官修地方志《大清一统志》的记载分析，清代时期江南、浙江、福建、广东等地大规模种植黄豆，其中江南地区最为突出。然而，江南地区人口众多、赋税繁重，黄豆消耗量庞大，仍需要从别的地方输入。

随着江南地区商品经济的发展，“需要食用四川、湖广等地区的米粮，又大量使用外地饼肥……近者来自苏北，远者来自山东、河南城”。[18]江南地区对肥料的需求急剧扩大，但供给不足，又因为江南地区赋税重，包括黄豆在内的本地产品几乎都被充作税粮缴纳，只能从外地输入黄豆用来生产豆饼或者直接输入豆饼以肥田。

对黄豆的高需求使江南地区成为黄豆贸易中心之一，周围地区纷纷向江南输入黄豆，形成输入线。以山东地区对黄豆的供应为例，山东巡抚梁梦龙在《海运新考》“海道捷径”篇曾描述道：“二十多年前傍海湟道尚未之通，今二十年来土人、岛人以及淮人做鱼虾、贩荃豆、贸易纸、布者众，其道遂通。”这表明山东与江南的黄豆贸易繁荣，甚至在明代就开辟了海上贸易线路。清政府从康熙中叶开放海禁，允许商货流通，但仍严禁关乎国计民生的米粮出海贩运，然山东黄豆的输出除外。可见政府对于黄豆的重视和对黄豆贸易的支持，也能在一定程度上反映江南地区对黄豆确有需求。这种政策的放宽使得江南地区的黄豆贸易更加兴盛。

清康熙帝批示“豆谷为民间日用所必需，理当听其彼此（山东与江南）流通，以资接济”。

18 方行：《清代前期农村市场的发展》，《历史研究》1987年第6期。

山东巡抚岳濬言“米粮出洋，例禁甚重，惟东省青白二豆，素资江省民食，向由海运，不在禁例。但船只出口进口，须加查阅。请令两省地方官互给印票照验，以杜偷卖夹带等弊”。

自康熙中叶开放海禁开始，华南地区也逐渐参与进沿海的黄豆贸易中。华南地区多种经济作物，如甘蔗、荔枝、龙眼、柑橘等对土壤肥力需求大，但该地少种黄豆，因此也需要通过贸易往来获得为土地增肥的黄豆。而且，中国航海贸易的主力是华南商人，他们的大规模参与带动了整个东南沿海贸易市场，促进了黄豆海上贸易圈的形成。

白廷兵总结道：“山东与闽广的经济交流直接有关的航线有二：一是闽台与山东、天津、奉天等地间的航线。闽台北上货物有糖货纸粗细碗碟、胡椒、苏木等，返程货物有黄豆、豆饼、瓜子、红枣、药材腌肉等。二是广东与山东、天津间的航线。往北货物为糖货等，往南货物为黄豆小麦、豆饼等。”[19]

由江南一地的黄豆需求，带动江南—山东贸易线；华南地区的加入，又形成了华南—山东黄豆贸易线，二者组合成了沿海黄豆市场贸易圈。

19　白廷兵：《明清时期环中国海域的大豆贸易——以山东半岛为中心的考察》，载戴一峰主编：《近代中国海关与中国社会 纪念陈诗启先生百年诞辰文集》，厦门大学出版社，2021，第381~396页。

全国性黄豆市场的“成型”

要形成全国性黄豆市场还需要东北地区的加入，东北是清代主要的黄豆输出地。得益于肥沃的土地和清政府开荒政策的支持，东北地区黄豆产量快速增长。黄豆产量高，品质好，适合做酿造酱油的原料。

做酱油，豆多味鲜，面多味甜；北豆有力，湘豆无力。（《调鼎集》）

由于黄豆地位提高和需求量增多，清政府制定了一系列如“移民垦殖”等针对性的政策和措施。以西辽河地区为例，雍正元年（1723年）至雍正二年（1724年）实行“借地养民令”。

直隶、山东一带大饥，灾民麇（qún）集边口，要求出关求生。清廷命昭乌达、卓索图盟札萨克容留灾民。朝廷叫做“一地养二民”，对入蒙地民人“免其田赋”，对蒙古王公则“许其吃租”。[20]

在借地养民令的鼓励下，直隶、山东、山西等地百姓涌入热河地区。之后蒙古或者内地人遇灾情均往此处去，该处拥有充足的劳动力。清末，口北三厅和土默特的察绥一带黄豆、小豆成为当地农产的大宗之一。[21]地区黄豆生产增多后，首先会形成区域集市，出售黄豆是当地居民的唯一收入来源。东北地区黄豆有近乎六成是用来做商品出售的，Christopher M.Isett综合各种说法，认为在19世纪50年代，辽河盆地的黄豆生产总量基本上接近了整个东北地区的生产量，在20世纪20年代，辽河盆地的黄豆产量在360万石左右。

在全国性黄豆市场的形成过程中，东北地区比较完善的交通起了较大

20　赤峰市地方志编纂委会员会编《赤峰市志》，内蒙古人民出版社，1996，第637页。

21　李辅斌：《清代河北山西粮食作物的地域分布》，《中国历史地理论丛》1993年第1期。

作用。江南、华南对黄豆的需求量大，东北产量丰富，产地和市场的联系需要便捷的交通沟通。近代东北地区铁路交通比较发达，是东北黄豆贸易网成功建立的关键。

“在1890年，所有豆及豆制品之输出总额仅值27.1万两。自后以铁路之建筑逐年增加，豆及豆制品之输出，亦逐年增加。1900年，输出总额为546.8万两，1910年为3669.2万两，1920年为6961.9万两……1890年至1920年仅30年，其间豆及豆制品之输出，剧增至187倍有奇。”[22]

随着黄豆消费需求的逐年增长，在清代出现了黄豆期货交易。期粮交易主要发生在辽河沿岸的集散中心，最大量的交易发生在冬季无法交货时期以及夏季黄豆出苗后到新豆上市之前，甚至在整个东北的四级市场中都存在，是影响豆价和市场运行的主要因素之一。[23]

小贴士：期货，与现货相对应，是一种基于信任产生的，先交钱后交货的交易行为。期粮交易俗称为“期粮兑交”或“捣把”。

酱园经济要发展，需要足够的易得的原料，但是获取盐的限制较多，只能从黄豆入手。黄豆因其较多的蛋白质，自古便在我国的饮食文化中扮演着重要的角色，也因其可肥田的好处，广受

22　尹广明：《20世纪初东北大豆出口繁盛原因探析(1900—1929)》，《兰州学刊》2014年第12期。

23　燕红忠、高宇：《晚清时期的豆品期货市场——以东北辽河流域为中心》，《近代史研究》2017年第3期。

推崇。我国逐渐形成以山东、东北等几个黄豆产区为中心的全国性黄豆市场，为酱油的近代化发展储备原料。

黄豆的替代品豆饼

豆饼（soybean cake），又称大豆饼，是大豆籽粒经压榨取油后的产品，即为脱脂大豆。因其少油脂、蛋白质含量高，多用于制造豆酱、酱油，肥田。

在20世纪前期，东北豆饼仍然作为中国南方的桑田和棉田的最主要肥料。至20世纪20年代后期，中国内地输入东北豆饼占豆饼出口总额的二成左右，是豆饼的第二大市场，尤其是20年代后期广东省政府因为硫铵化肥对耕地损伤较大，一再明令禁止施用，并提倡购买东北豆饼，并且此时东北豆饼价格下降，因此到20年代后期东北豆饼的国内输出呈现增长态势。[24]

清康熙时期，松江（今上海）叶梦珠在《阅世编》提到黄豆在本地的用途，“豆之为用也，油腐而外，喂马溉田。耗用之数几与米等”。从中可以看出，黄豆主要用来榨豆油，做饲料、肥料，消耗量几乎和米一样大。

传统酱油的酿造离不开黄豆，利用曲酶分解黄豆内的蛋白质。但对黄豆所含脂肪，未能全部利用，仅有部分转为呈香或浮在表面，呈现出油的状态，其他部分受阳光暴晒焦化，造成脂肪浪费。

24 迟青峰：《近代东北大豆贸易网络研究（1861-1931）》，河北大学硕士论文，2013，第48页。

民国时期，由陈騊声牵头，同工业试验所的金培松、凌世昇等同事展开应用廉价原料酿造酱油的研究。研究发现：豆饼可代替大豆，米糠可代替小麦。孙宗浩曾留学日本，学习到的日式酿造法中所用的发酵原料，正是豆饼，而非黄豆。他指出使用豆饼“价值廉”“成熟期速”，并推荐全国酿造酱油者使用。但日式酿造法之所以采用豆饼为原材料，是因为其采用低盐固态发酵制备酱油，而以黄豆为原料的酱油酿造则须采用高盐稀态发酵方法。

对于酿造酱油来说，是无论是从食品安全还是健康角度而言，黄豆都是比豆饼更好的原料。

第四节 小麦：酱油的强悍辅助

小麦是我国最成功的外来作物，虽然它从杂粮、副食到主食经历了漫长的岁月，但自中唐以后，小麦在我国（尤其是在北方）的主食地位就从来没有被撼动过。面粉一向被视为精粮、细粮，作为世界第一大作物和口粮，小麦是中国所有的外来作物中本土化最成功的。

甜面酱（甜酱）就是以小麦面粉为主要原料，经制曲和保温发酵制成的一种汉族传统酱状调味品。酱油的原料中，黄豆自然是最重要的，但小麦同样必不可少。制作酱油的拌料环节，就是将蒸好的黄豆铺在竹匾上，与小麦粉、曲种混合搅拌均匀，在自然的温度下等待发酵。小麦的加入对于酱油而言，意义非凡。

小麦来咯：不被重视的客人

众所周知，小麦起源于两河流域，即美索不达米亚平原地区（新月沃土），属于地中海沿岸，八大作物的起源中心之一。由于独特的自然环境，这一区域诞生了众多原生作物，如燕麦、豌豆、蚕豆、羽扇豆、甜菜、三叶草等。

地中海夏季炎热干燥、冬季温暖湿润的气候特点，造就了小麦的特性——相对耐寒与耐旱，所以无论中西方，小麦的栽培方式都是以秋种夏收为主，也就是我们常说的冬小麦。小麦在冬季还是蓄水的，特别是返青、拔节、抽穗、灌浆的时期。但是，我国熟知的小麦种植，除了冬小麦，还有春小麦。

春小麦何来？学者杜新豪推测，中国早期所栽培的春小麦，应该是小麦从西亚新月地带传入中国的途中，从冬小麦中独立分化出来的，分化的地点应为海拔较高的山区地带，引发了小麦的季节性调整。所以，世上本无春小麦，包括西欧以北的中部地区广泛栽培的春小麦，亦是独立诞生。

最早的小麦遗存可以追溯到距今一万年前，不过当时的小麦是还在进化中的一粒小麦，尚不足广泛推广。二粒小麦大致诞生于距今八千年前，在与粗山羊草自然杂交之后，终于产生普通小麦。小麦的进化过程交融了自然选择与人工选择、改变了人类文明，所以小麦与人类，是一种协同进化的关系。

学者赵志军提出，小麦传入中国的时间应该是在距今4000到4500年之间。正是因为小麦传入中国比较早，所以早在甲骨文中就有了小麦的文字，甲骨文中的“来”就是小麦的意思，似乎象征着小麦原系外来，“牟”为大麦之意。

周子有兄而无慧，不能辨菽麦，故不可立。（《左传·成公十八年》）

翻译成现代汉语：晋悼公周子而不是长子，有个兄长智力低下，分不清黄豆和小麦，所以晋国大臣决定拥立周子为晋侯。说明春秋之时，小麦在北方已经有相当的种植面积。2023年上映的

电影《封神》，累累麦田成为了周文王体察民情的主角。对此笔者持怀疑态度，小麦在中国扎根不能代表实现了本土化，更不代表成了主粮。可以说，在国人将小麦视为细粮之前，小麦的地位和黄豆一样比较低下，整个北方大陆主要依靠的还是小米、黍，很难想象姬昌在有商一代就广泛种植小麦。更何况，当时陕西一带水资源不足，根本无法供养那么多的小麦。

春秋时期小麦主要还是种植在山东地区，这是因为山东采取的河水自流灌溉效果较好，“济水通和而宜麦”，这里涉及一个北方种植制度问题，两年三熟并不是一蹴而就的，以冬小麦为核心的两年三熟最早可以追溯到春秋时期，到明代中后期，随着人多地少矛盾的出现和夏播黄豆的推广，两年三熟制在华北逐渐形成主流种植制度。

笔者认同学者杜新豪的观点，即小麦在古人所谓的“五谷”“六谷”“八谷”“九谷”中都排在靠后的位置，因为它的收获季节是去年粟、黍库存正要耗尽，而秋粮尚未成熟的夏季，小麦在这个尴尬期起到继绝续乏的作用，所以被农人视作是对传统主粮作物粟的一种补充。

但是毕竟小麦不是上好的作物，农人种植的积极性不高，所以尽管西汉有董仲舒大力倡导推广小麦，但情况并没有多少改变。

西汉董仲舒：“《春秋》它谷不书，至于麦禾不成则书之，以此见圣人于五谷最重麦与禾也。今关中俗不好种麦，是岁失《春秋》之所重，而损生民之具也。愿陛下幸诏大司农，使关中民益种宿麦，令毋后时。”

小麦上位：是偶然，也是必然

小麦的本土化并不是一帆风顺的，受到了诸多制约。今天受到青睐的小麦，不代表它在古代也被视为上好的口粮，国人对于新作物的适应由于口味、技术、文化等因素，是一个相当缓慢的过程。

中国的“超稳定饮食结构”是基于中国农耕文化的特质。稳产、高产的作物，更加契合中国的传统农业体制，有助于农业生产。另一方面，这些传统作物更方便做成菜肴和也更容易被国人的饮食体系所接纳、更能引起文化上的共鸣。换言之，即使小麦拥有巨大的优越性，国人对其的充分认识也并非一蹴而就的，小麦在社会生活中的地位是慢慢提高的。

小贴士：“超稳定饮食结构”概念，由本书笔者李昕升提出，即由于技术、口味、文化等因素，我们对于外来作物的接受和调试，是一个相当缓慢的过程。

直到唐代中期，我国才正式确立了“南稻北麦”的粮食作物格局。唐德宗年间，在宰相杨炎的推动下曾实施“两税法”，两税法将纳税时间固定在夏秋两季，一改征发无时的弊端，在夏收和秋收之际征收，时间安排较为妥当，有利于农民安排农业生产。值得一提的是夏季征税这个举措，恰好呼应了冬小麦夏季收获的节点，造就其成为北方主粮的形势。那么小麦为什么发展如此缓慢？

第一，小麦“入场”晚于粟黍，先入为主的种植制度使小麦很难拥有发挥空间。

汝后稷，播时百谷。（《尚书·舜典》）

在采集和渔猎时代，可食用物种甚多，百谷之数，并不夸张。后经过不断地筛选便诞生了“九谷”“六谷”以及最后的“五谷”等，可以说在“五谷”定性之前，北方已经形成了相对稳定的种植制度，虽然黄豆的地位在不断降低、小麦的地位在不断变高，但二者始终难以撼动粟与黍，粟与黍才是北方种植制度的主流。至此，传统农业形成“高水平均衡陷阱”，但是这并不是简单的“技术闭锁”，因本土作物形成的作物组合并不是次好技术而是优势技术。

小贴士：技术闭锁往往指已有的次好技术先入为主，使次好的“技术惯习”持续居于支配地位。

小麦之所以能够位列“五谷”，在很大程度上归因于“接绝续乏”，也就是作为冬小麦充分利用了冬天的闲置土地，这并不代表外来作物小麦已经真正完成本土化、融入大田种植制度。

第二，很长一段时间，小麦在北方缺少种植条件，而南方的竞争对手又过于强大。

在地中海气候下诞生的小麦比传统的黍、粟“娇气”得多，小麦生长需要大量的水分。在汉代以来官方大兴水利之前，整个北方还是缺乏普及小麦的条件。彭卫认为“尽管有一些大型水利工程和数量更多的中小型水利设施，但汉代屡因旱情造成的灾荒表明，水利设施并不能完全保证作物的正常生长”。魏晋出现的《齐民要术》标志着北方“耕–耙–耱”这一技术体系成熟，但在此之前，不宜对小麦的保墒抗旱能力有较多估计。至于南方，由于水稻的巨大优势，小麦推广就更加举步维艰。

高田种小麦，终久不成穗。男儿在他乡，焉得不憔悴？（《古歌·高田种小麦》）

第三，饮食文化，即人们对外来作物的适应问题。就像今天，如果让北方人吃米、南方人吃面，双方都会觉得吃不惯、吃不饱，中国不同地域间的饮食文化千差万别。

外来作物传入初期，多是作为观赏、药用，少量食用多是出于猎奇心理，很少大量食用，即使大量食用也是不得已而为之，心理和身体都是很难接受的。

在汉代以前食用小麦方式只有“麦饭”一途，即蒸煮麦粒为食，口感差不说，也难以消化，是名副其实的“野人农夫之食”。如新莽之时，民不聊生，刘秀与诸将曾以麦饭充饥。

光武对灶燎衣，异复进麦饭菟肩。（《后汉书·冯异传》）

石磨诞生后，小麦的妙用才被逐步发现，但是石磨的诞生是为了谷物脱壳与精白，应用到小麦领域是在东汉之后，再加上后来饼的普及，对面粉的需求量在唐代大增，于是发生了“石磨革命”。特别是唐代在大量的人力磨、畜力磨之外，还出现了水力磨，推广、运用较为快速，但作为盈利性的事业一般是大规模庄园经济的附庸。由于石磨造价较高，大型水力加工经营主要集中于豪家贵戚、富僧大贾聚居的区域，如都城附近。

小贴士：来饼包括胡饼、汤饼、炊饼。胡饼，即今天的烧饼；汤饼，指放入沸水中煮的面条；炊饼，指用蒸笼蒸的馒头。

由于人口增长，汉代小麦得到了一定的推广，这得益于东汉后期面粉发酵技术和面粉加工技术的快速发展，使得小麦能逐渐取代粟的地位。同理，小麦之所以能够在江南得到大规模推广，重要原因之一也是永嘉南迁北人有吃麦的需求，在南方水稻大区率先形成了“麦岛”，几次大规模的人口南迁均是如此，带动了小麦的生产、消费与面食多样化。

小麦在古代酱油酿造中的“角色”

在唐代，小麦能够成为主粮，是多种因素合力导致的，这其中既有偶然，也有必然，也不能单纯从人口大幅度增长来解释。小麦地位的提升与面食化，导引了小麦多样的用途，其中重要用途之一便是作为酱油的重要原料。

最初，小麦是作为一种“技术创新”而加入到酱油酿造中的。

魏晋时期，小麦就初步加入制酱中；唐代，随着小麦的广泛种植，百姓在生产实践中发现，加入小麦制成的面粉能给发酵菌种提供一个更适宜的环境，使得大豆更充分地分解，减少原材料浪费，自此发展出“全部制曲”工艺；明代中期，《本草纲目》所载的酱油酿造技术中明确记载了“全部制曲”工艺，这也是最早对小麦制曲工艺的具体记录。

此后，在古代有关酱油酿造的记载中几乎都有小麦的身影，小麦作为

《本草纲目》所载酱油酿造技术

酱油重要原料的地位就被定下来了。小麦加入酱油酿造，不仅因其能节约原料，还因其易获取且能改变酱油的风味。童岳荐的《调鼎集》中有“造酱油论”五则，其一就提到“做酱油，豆多味鲜，面多味甜；北豆有力，湘豆无力”，即加入更多的面粉，则会让酱油的味道变得甜美。

小麦还可以单独作为酿造酱油的原料，《醒园录》和《调鼎集》里都有几乎纯用小麦为原料酿造酱油的记载。以《醒园录》中“麦油法”为例：

将小麦洗净，用水下锅煮熟闷（焖）干取起，铺大扁（竹制的盛器）内，付日中晒之，不时用筷子翻搅，至半干，将扁抬入阴房内，上面用扁盖密。三日后，如天气太热，麦气大旺，日间将扁揭开，夜间仍旧盖密；若天不热，麦气不甚旺盛，不过日间将扁脱开缝就好；倘天气虽热而麦气不热，即当密盖为是，切

毋泄气。至七日后取出晒干。若一斗出有加倍，即为尽发。将作就麦黄，不必如作豆油以饭泔（俗称淘米水）漂洒，即带绿毛。每斤配盐四两、水十六碗。盐水先煎滚，澄清候冷，泡麦黄，付大日中晒至干，再添滚水，至原泡分量为准，不时略搅，至赤色，将卤滤起，下锅内，加香蕊、八角、茴（俱整蕊用）、芝麻（口袋盛之），同煎三四滚，加好老酒一小瓶再滚，装入罐内听用。其渣再酌量加盐煎水如前法，再至赤色，下锅煎数滚，收贮以备煮物作料之需。

该方法简单来说就是先将小麦洗净，水煮熟后闷干再捞起，铺在豆状的竹制容器中。并在正午时分进行晾晒，时不时用筷子搅拌直到半干，再将竹器抬入阴房内，上面用扁盖严实。三日后，如果天气太热，小麦发酵时散发的气体浓度很大，就在白天将扁揭开，夜间仍旧盖紧密；反之，就只在白天露出一条缝隙。如果天气热，但散出的气体不热就该紧紧盖住，切记不要漏气。七天后取出晒干。如果一斗小麦发酵完后总量有加倍，就说明发酵得好。这样就做好了麦黄，不必像用豆做酱油时那样要用淘米水漂洒晾晒，就出现了绿毛。每斤发酵好的麦黄配四两盐和十大碗水。先将盐水煮沸，待凉后滤清泡小麦黄，晒干后再加热水，水量以先前为准，时不时搅拌，直到变成红色。然后过滤下锅，加入香料、完整的八角、茴香和用口袋装着的芝麻，煮三到四次，加入一小瓶好酒，再煮一次，装罐备用。渣可以根据需要适量添加盐、水重复之前的操作，储备佐料。

上述以小麦为主材料酿造酱油的制法略显复杂，特别是用到的配料尤其丰富。但基本思路同以黄豆为主材料做酱油差不多，均是先将材料发酵做“黄曲”再配以盐、水熬煮，期间可加入其他材料调味。其区别在于小麦本身淀粉含量高，做“黄曲”时不必再加饭泔之类的淀粉水，就能很充分地完成发酵。《醒园录》中“麦油法”后还记载了另一种方法：

做麦黄与前同。但晒干时，用手搓摩，扬簸去霉，磨成细面。每黄十斤，配盐三斤、水十斤。盐同水煎滚，澄去浑脚，合黄面作一大块，揉得不硬不软，如作饽饽样就好，装入缸内，盖藏令发。次日揿开，用一手捧水，节节洒下，付日大晒一天，加水一次，至用棍子可搅得活活就止。即或遇雨，不致生蛆。

制作麦黄的方法与前述相同，区别在于如何使用。用该方法做酱油时，需要将麦黄晾干后，用手搓揉，去除霉菌，磨成细面。每十斤麦黄需配上三斤盐和十斤水。将盐和水煮沸，去除杂质，与细面状的麦黄混合揉成一大块，软硬适中，类似于饽饽的质地，装入缸中，盖好让其发酵。第二天打开，用手捧水洒在面团上，晒一整天，加水一次，直到用棍子可以搅拌开的为止。即使下雨天这样酿成的酱油也不会生蛆。

这种方法比较独特，与日晒夜露的传统酱油酿法相比，要更加繁琐，不管是对麦黄的处理，还是加水的时机都需要付出更多的劳动。

总之相形之下，单纯以小麦来酿造酱油，比用黄豆酿酱油要更加复杂，且黄豆是更易获取的作物、蛋白质含量更高。因此选择黄豆作为我国酱油酿造的基本原料是更加优胜的选择，而小麦还是更加适合作为酿造酱油的重要原料而存在。

第四章

酱油视角下，中国古代居民的生活画卷

酱油作为当今社会常用的调味品，与百姓的日常生活息息相关。现今人们对身体健康愈加重视，零添加酱油、有机酱油及减盐酱油等“新式酱油”得到越来越多人的青睐，反映了我国居民在饮食生活上产生的新变化。饮食习惯的变迁不仅仅是口味上的变化，更与社会、人民生活有着密切联系。那么，在古代，酱油对先民们的生活及当时社会发展又产生了什么影响呢？

第一节 两宋变迁：大经济与小餐桌

宋代是酱油的崛起期，酱油逐渐成为普通家庭餐桌上的调味品。同时酱油也以药品，甚至“涂改液”等形象融入百姓的日常生活中。酱油消费的增长与社会经济的繁荣、市民生活的丰富密切相关，并推动了饮食文化的发展。

宋代繁荣的饮食文化

宋代是我国古代经济发展的小高峰。

得益于相对稳定的政治环境和国家政策的支持，官员及其家属凭借手中的政治权力和经济资本开展商业活动。经济的发展和商品交易的频繁，使市井百姓也积累了一定的财富，购买力较前代有较大提升。

随着日常生活的稳定，人们追求生活乐趣的消费意愿也随之大幅度增强。在宋代，造车技术达到了前所未有的水平，修建陆路且规划完善，陆上交通四通八达；造船术进步，指南针等应用于航海，促进了水路、海路交通的繁荣。交通的发展还使得外来商人和外来商品大量进入大城市。

由官员、百姓、外来商人组成的市民阶层，活跃在生产、消费、运输等各个环节中，为经济发展注入活力。市民阶层崛起后产生了许多消费需求，归结起来就是要吃得好、玩得欢。宋代政府重视城市规划，打破住宅区和商业区严格分开的“坊市制”，出现了临街设店的城市景观，也出现了瓦舍、勾栏等娱乐场所，市民消费有了充足的空间。

中国人自古以来就注重满足自己的“口腹之欲”，北宋时期的市民阶层自然也不会亏待自己的肚子，汴京城里随处可见的酒楼、饭店、茶肆和星罗棋布的小食摊便是明证。北宋著名画家张择端的《清明上河图》，生动形象地描绘出清明踏春之际，汴京城里沿汴河自“虹桥”到水东门内外的市民生活场景，画面里出现了不少的酒楼、肉行、茶肆，以及市民出入酒楼，围绕饮食小摊买卖的情景。

南宋孟元老的《东京梦华录》回忆了东京汴梁城的繁华景象，记录了城内的街巷坊市、店铺酒楼、民风习俗、饮食起居等许多市民生活内容。书中提到了一百多家店铺，以白矾楼，潘家楼为代表的大型高档酒楼和各种饮食小店就占了一大半。除此之外，《东京梦华录》提及餐馆和饮食的篇章有“州桥夜市”、“饮食果子”“肉行”“鱼行”等，连篇累牍，仅“饮食果子”一篇就记载了乳炊羊、羊闹厅、羊角腰子、鸭鹅、排蒸荔枝腰子等近六十种吃食，可见当时餐饮业是市民生活中非常重要的内容。

中国的饮食习惯也在这段时期内发生了许多改变，“酱油”逐步进入百姓餐桌便是其中之一。饮食习惯的改变和塑造会经历漫长的历史过程，酱油能成为现今国人餐桌里必不可少的调味品，也经历了与国人的胃反复调适的“磨合期”。

随着社会逐渐稳定，商业经济不断发展，人们的物质生活水

宋代人的饮食生活

平大幅提升，带来的结果是粮食、蔬果和各类肉食供应量的增长。加之宋代政策对商业贸易的友好，海外贸易勃兴，人们的饮食物资有了更丰富的来源，饮食文化在蒸蒸日上的经济背景下得以繁荣。

林洪与《山家清供》

宋人对酱油的使用记录多出现于菜谱中，如《物类相感志》中，就有关于用酱油能提高羹鲜度的记载。在南宋林洪的《山家清供》一书中，也能找到不少酱油的踪影。

林洪是南宋著名美食家，福建泉州人。泉州在当时是中国最大的港口城市，在世界范围内也极具名气，是一座国际性大都市，北宋宋太宗时期人口便高达百万。林洪身处如此繁华的港口城市，接触到许多南来北往的商人和琳琅满目的商品。

他热衷于拓展见识，喜欢四处游历、品尝各地的美食，四处求学交游，写有一本记录各色山家饮馔的《山家清供》。《山家清供》不同于一般的菜谱，“大厨”林洪从原材料入手，对如何选食材、怎样加工、烹饪步骤一一详细记载，同时附上这些美食的来源及他人评价，读者读来仿佛亲临现场。且书中记录的饮食均以清淡为主，可发现不少关于酱油的记载。

“柳叶韭”：杜诗“夜雨剪春韭”，世多误为剪之于畦，不知剪字极有理。盖于炸时必先齐其本，如烹薤（xiè）“圆齐玉箸头”之意。乃以左手持其末，以其本竖汤内，少剪其末。弃其触也。只炸其本，带性投冷水中。取出之，甚脆。然必用竹刀截之。韭菜嫩者，用姜丝、酱油、滴醋拌食，能利小水，治淋闭。

世人多以为杜甫诗里的“夜雨剪春韭”，是在韭菜田里剪韭菜，忽视了“剪”字的特别含义。事实上杜甫是在做菜，因为在炸韭菜时，必须先把它们整齐摆放，类似于“烹薤圆齐玉箸头”的意思。也就是用左手拎着韭菜叶，将其根茎放入热水中焯一下，稍稍剪去它的叶子。手需要握住叶，只炸根部，在水中稍微焯一下，不可过久以免失去风味，接着放入冷水里，然后取出来吃，这样韭菜口感会很脆，但韭叶必须用竹刀截断。嫩韭菜用姜丝、酱油、醋拌着吃，能利小便，治淋闭（即小便不通）。

嫩笋、小蕈（xùn）、枸杞头，入盐汤焯熟，同香熟油、胡椒、盐各少许，酱油、滴醋拌食。赵竹溪密夫酷嗜此。或作汤饼以奉亲，名“三脆面”。尝有诗云：“笋蕈初萌杞采纤，燃松自煮供亲严。人间玉食何曾鄙，自是山林滋味甜。”蕈亦名菰。

嫩笋、茭白（小蘑菇）、枸杞，一起投入进有盐的热水中，

焯熟，再加上少许香油、胡椒、盐，淋上酱油和几滴醋搅拌食用。赵竹溪非常喜欢这道菜，曾经将这道菜当作面条的浇头拿给家人吃，因是焯水断生，吃起来有脆劲儿，因此他命名为“三脆面”。他还作诗赞美道：“笋草初萌杞采纤，燃松自煮供亲严。人间玉食何曾，自是山林滋味甜。”

“忘忧齑（jī）”：嵇康云：“合欢蠲（juān）忿，萱草忘忧。”崔豹《古今注》则曰“丹棘”，又名鹿葱。春采苗，汤焯过，以酱油、滴醋作为齑，或燥以肉。何处顺宰相六合时，多食此。毋乃以边事未宁，而忧未忘耶？因赞之曰：“春日载阳，采萱于堂。天下乐兮，忧乃忘。”

嵇康说过：“合欢蠲（juān）忿，萱草忘忧（萱草可令人忘掉忧愁）。”崔豹在《古今注》则说：“丹棘，又名鹿葱。”春日采摘新苗，

林洪“三脆面”

用热水焯一下，用酱油、几滴醋做成萱草混合汁，或做成肉臊。何处顺任宰相治理天下时，经常吃这道菜。难道是因为边境不安宁，而忧愁难以忘记吗？因此称赞曰："春日载阳，采萱于堂。天下乐兮，其忧乃忘。"

林洪的《山家清供》，展现了许多别具特色的菜肴，反映了当时烹饪水平，犹如一幅生动的生活画卷。林洪所记的山家饮食，以素菜为主，崇尚清淡，许多菜只是用热水焯一下，菜的味道主要靠食材本身和酱油、醋提供。

尽管这些记载主要反映的是山居人家的菜式，但不能简单地认为这只是居于山村的平民饮食。士大夫们自古便崇尚高洁、隐逸，多食用新鲜的素菜以保持健康，林洪本就是士人，他的菜谱呈现出的其实是士大夫们对口味追求。不仅反映了他们对物质的淡然态度，也让他们在社会上赢得了良好的声誉。

宋代重文，士人群体在社会中有沉重的分量，他们的饮食习惯对整个社会有相当影响。这一点在北宋至南宋的饮食风气变迁中体现得尤为明显。北宋时期，蔡京某次宴请属下吃蟹黄馒头，仅馒头一项就耗费1300贯银子，约合现代人民币30万元，奢侈程度令人惊叹。这种风气引起了士人的注意，庞大的士人群体屡屡劝诫，写文做书，在乡间宣传节俭修身的重要价值，唤起不少人对节俭之风的认同。至南宋时，整个社会的饮食奢靡之风有了巨大转变，人们转而追求节俭，可见士人的影响力之大。

由此可推知，体现士人饮食追求的《山家清供》在当时应有一定的社会影响。

宋代日常生活离不开的酱油

在宋代，酱油不仅是餐饮业的重要调味品，还被用作“药”和“涂改液”。如《山家清供》中所记“柳叶韭……能利小水，治淋闭”，突显其在食疗治病时的药理作用。《本草纲目》《食物本草》等医学文献里都提到过酱油的某些药用例子。更有趣的是，疑为后人托名宋代苏轼的著作《格物粗谈》和南宋赵希鹄《调燮类编》中均有记载，用酱油来涂改写错了的字，算是生活小窍门。

金笺及扇面误字，以酽（yàn）醋或酱油用新笔蘸洗，或灯心揩之，即去。（《格物粗谈》）

今扇难写者，以香灰擦之，则字易上，以酱油洗之，能去字迹。（《医道寿养精编》）

酱油在古代市民的日常生活中扮演着不可或缺的角色，这一点从流传至今的俗语“开门七件事”中便可窥见一斑。

杭州城内外，户口浩繁，州府广阔，遇坊巷桥门及隐僻去处，俱有铺席买卖。盖人家每日不可缺者，柴米油盐酱醋茶。（《梦粱录》）

吴自牧先是描述南宋都城杭州城，人口多，地域广，街巷等隐蔽去处都有买卖，再说市民生活每日不可缺少“柴米油盐酱醋茶”，一来可以看出城市商品经济发达，二来从上下文联系可知，这是在说市民生活每一天都有一定的基本开销，其中就包括“酱”。

这里的“酱”，就城市市民来说，应当是泛指酱和酱油两者，而不仅单指“酱”，甚至主要指的是酱油而非酱。[1]这是因为，制作酱较为简单，正所谓“百家酱百家味”，家家户户都能自制酱。但从对酱油酿造技艺的分析来看，酱油更不易得，去市场上购买是更经济的做法。

1　赵荣光：《中国酱油的发明、工艺演进及其文化历史流变》，《饮食文化研究》2005年第1期，第12页。

第二节 元明发展：饮食文化日益繁荣

通过宋代留存的菜谱、俗语等记载，基本可以断定，酱油在宋代已经登上市民的餐桌了。而“柴米油盐酱醋茶”这一俗语则是在元代定型，而后到了明代，随着人民生活的发展，他们对酱油的应用更加成熟。

“柴米油盐酱醋茶”一语定型

元代无名氏《湖海新闻夷坚续志》“戏谑试题”篇有言：“早晨起来七般事，油盐酱豉姜椒茶。”其中，“豉”是用豆类发酵制成的调味品，相当于是今天的酱，因此前面那个“酱”字应当是指酱油。这段话是最早明确定义“开门七件事”的语句，此后的“柴米油盐酱醋茶”应是在此基础上结合《梦粱录》一语定型的。

倚篷窗无语嗟呀，七件儿全无，做甚么人家？柴似灵芝，油如甘露，米若丹砂。酱瓮儿恰才梦撒，盐瓶儿又告消乏。茶也无多，醋也无多。七件事尚且艰难，怎生教我折柳攀花？（周德清《蟾宫曲·别友》）

元曲《蟾宫曲·别友》表现了日常生活缺少七件必需品时的场景，这些必需品如灵芝、甘露、丹砂一样难得，反映了当时生活资料的昂贵和生活的拮据。曲中提到“酱瓮”——一般来说，家里的酱主要用缸装，小口大腹的瓮主要用于装油、酒等液体，因此酱瓮很可能主要用于储存酱油。

这首曲也印证了这七种物品需要通过市场交易获得，当时的商品经济已有一定发展。

元人杂剧《玉壶春》《度柳翠》《百花亭》等，也都有“早晨起来七件事，柴米油盐酱醋茶”这一说法。可见“柴米油盐酱醋茶”，自元代起，已形成日常口语，流传至今。

虽然时代更迭，各代相异，南北有别，但人们习惯上已把“开门七件事”的基本内容统一。其中的“酱”泛指酱和酱油，证明酱油作为调味品在日常生活中占据了越来越重要的地位。

元是蒙古人建立的政权，统治者“马上得天下”，却面临着缓和社会矛盾、发展生产和巩固政权的挑战。元代初期，国力有限，为提高经济实力，需要加快农业生产步伐，酿酒、制糖和制酱等农产品加工大量消耗粮食，官方不鼓励进行。官撰农书《农桑辑要》不记录做曲酿酒、制饴糖、制酱等工艺方法，而仅将普及的生活必需品——豆豉的工艺列入。[2]随着饱受战乱的元初社会政治趋于稳定，社会经济得到了恢复和发展，市民生活有一定的改善，社会上出现了一些酱油消费的记载，酱油的制作技艺也逐步完善。

《居家必用事类全集》是元代一部具有民间日用百科全书性质的书，其中记载：“炙蕈（xùn）：肥白者汤浴过握干。盐、酱油料等拌如前炙之。”教人们在烤蘑菇时加入酱油提味。随着

2 谢韩：《酱和酱油的发展简史》，中国轻工业出版社，2018，第32页。

经济状况改善，鲁明善编写《农桑衣食撮要》时记载了“合小豆酱”的制酱工艺，虽然技术水平基本没有超出《齐民要术》，但是其中记载了用小豆黄子里的酶发酵制曲的工艺，也为酱油酿造技艺革新准备了技术条件。

然而到了元末，由于统治阶级的腐朽统治，城市商业再度衰落。[3]元代对于很多蒙古人、色目人或大官僚和大富商来说，是享乐和赚钱，但是对于普通市民和底层百姓来说，则意味着无穷的灾难。统治者对于商业的推崇打击了农民务农的积极性，种粮不如卖粮成为当时的普遍现象。商业的畸形繁荣及其泡沫破碎，对市民生活是极大的打击，直至明代，市民生活才重新繁荣起来。

享乐思潮下的美食文学

明代的饮食文化水平与之前相比有较大进步，不仅是因为明代商品经济更加繁荣、饮食条件好，还与市民享乐思潮有很大关系。

明代心学兴盛，市民更加关注内心，崇尚个性，重视欲望，追求人生的快乐和享受，加之豪门贵族骄奢淫逸的影响，在社会中形成一股不可扼制的享乐思潮。道出市民乐生呼声的，当属袁宏道所倡导之“人生五乐”，正所谓“目极世间之色，耳极世间之声，身极世间之鲜，口极世间之谭。”他强调追求美味和声色才是快乐的真谛。

饮食是市民享受生活的最基本的内容。具体表现为饮食品类增多，宴饮频繁，烹饪技术精进，甚至催生了美食文学。

3 宁越敏、张务栋、钱今昔：《中国城市发展史》，安徽科学技术出版社，1994，第283页。

与宋元时期酱油仅在家常菜品中使用不同，明代的酱油也被运用到奢侈菜品制作中。例如在文学名著《金瓶梅词话》中，便有一道“酿螃蟹”，仅用一小段文字，便将做法一一包含：

四十个大螃蟹，都是剔剥净了的，里边酿着肉，外用椒料、姜蒜。米儿团粉裹就，香油炸，酱油醋造过，香喷喷酥脆好食。

还有一道猪肉卤面：

画童儿用方盒拿上四个靠山小碟儿，盛着四样小菜儿，一碟十香瓜茄，一碟五方豆豉，一碟酱油浸的鲜花椒，一碟糖蒜，三碟儿蒜汁，一大碗猪肉卤，一张银汤匙，三双牙箸，摆放停当。”

《金瓶梅词话》中的“酿螃蟹”和“猪肉卤面”

这碗面看着似乎并不奢侈，仅是香瓜茄、豆豉、酱油花椒、糖蒜四样小菜，但是奢侈可不仅是材料上的昂贵，更是搭配和制作的精细，这道面搭配的小菜和肉卤极为贴合，每样小菜都提供了不同的味觉体验，如酱油花椒之鲜麻、糖蒜之甜辣，口感丰富，能让人“狠了七碗”。光是在小菜上就有这么多讲究，可以想见明代人生活的奢华。

《金瓶梅词话》也是研究饮食文化的重要文献，该书内容生活化，可以说是市民生活的百科全书，语言通俗，更接地气。“酱油浸的花椒”广受上层贵族喜爱，它还出现在《金瓶梅词话》第五十四回，伯爵招待西门庆时也曾端出这碟小菜。

随着饮食文化的发展，明代人在追求美味的同时，并没有放下养生，反而更加强调了养生的价值，甚至把饮食提高到尊重身体、安身立命的高度。关于这点阐述比较系统全面的是高濂的《遵生八笺》，他在该书的“饮馔服食笺”表达了饮食能养人也能害人，需要注重调理的道理。

日用养生务尚淡薄，勿令生我者害我，俾五味得为五内贼，是得养生道矣……非我山人所宜，悉并不录。其他仙经服饵，利益世人，历有成验诸方，制而用之有法，神而明之在人，择其可饵。

他强调饮食对人体的影响，提倡追求清淡的饮食以保养身体，警示五味可能对内脏造成伤害，强调关注“山人”即普通百姓的日常饮食，只有经验证有益于世人的菜谱才纳入记录。从而，该书记录了贴近大众生活的饮食内容，成为观察平民饮食习俗的重要资料。

在该书中，酱油出现在六道菜肴里，分别是“肉生法”“炒羊肚儿”“酱蟹法”“又造芥辣法”“芝麻酱方”“折拌和菜”。仅看菜名就能发现，酱油不仅是做菜的调味料，而且参与了新调味料的创造，可见明代人口味的多元化。

酱油地位的提高与“上色”酱油的出现

值得注意的一点是，酱油作为调味品也逐渐独立起来。宋代《山家清供》中，酱油参与调味时还离不开醋，而明代《遵生八笺》里有道“用精肉切细薄片子，酱油洗净，入火烧红锅爆炒……”此处调肉味时便只用了酱油，可知酱油在调味的分量越来越重。这或许是因为酱油酿造技艺发展起来后，酱油更加美味且易得。

明代宋诩撰写的《竹屿山房杂部》是一本明代饮食大全，其中“养生卷”记载了整整41条有关酱油的菜式。此外，还出现了有关酱油“上色”的记载。这样，酱油不仅在调味方面有着极高的价值，还具备了调色的新功能，这使得酱油在整道菜式里的“色香味”各方面的呈现上均占据了重要的地位。

酱煎猪（先烹肉，熟而切之，亦宜）：同盐煎，惟用酱油炒黄色。（《竹屿山房杂部》）

酱油在食疗中的价值也多有体现，多有食疗药方的记录。

多度即劳瘵失血：田龟煮取肉，和葱、椒、酱、油煮食，补阴降火，治虚劳失血咯血，咳嗽寒，累用经验。（《本草纲目》）

这样的治疗失血咳血的药方，在《食物本草》《奇效良方》

《本草汇言》也都有记载。

还有反例，《普济方》就记载了明确忌食酱油的药方——服用“槟榔丸”时要“忌食酱、醋、油、酱油”，这种提醒很能反衬出当时酱油日常出现之频繁，甚至于到了要被提醒以免误食的地步。

中国的饮食文明随着时间的推移不断提升，与市民生活密切相关。广大的市民和乡间百姓是酱油最基本也是最重要的消费群众，他们的需求和创新，推动了整个酱油行业生产规模的扩大和产品的创新，最终使酱油作为一种重要调料融入中国美食文化的血脉之中。

第三节 清代共食：天子与平民的“同款酱油”

经历元明的发展，酱油消费逐步扩大，也逐渐有了专业化的生产流程，到了清代，酱油已是餐桌上必不可少的调味品。清代是古代酱油消费的鼎盛时期，酱油广泛融入社会生活的方方面面，清代也是古代酱油技术最精湛的时期，出现了总结酱油生产技术经验的书籍。

清代“菜谱”

酱油是清代非常重要的调味品，众多菜谱都有记录，包括著名的文人菜谱——袁枚的《随园食单》和古代烹饪艺术集大成的巨著《调鼎集》，以及一些农书、方志。

乾隆时期的大才子袁枚被誉为“诗坛盟主”，文笔与当时的大学士纪晓岚齐名，时称“南袁北纪”。有趣的是，袁枚在美食界的地位与其文学地位相比毫不逊色，他所写的《随园食单》一书是一部系统论述中国烹饪技术和南北菜点的重要著作，自问世以来，长期被公认为是厨者的经典，甚至有英语、法语、日语等多种语言的译本。

袁枚的生活富有情趣，曾说自己“好味，好色，好葺屋，好游，好友，好花竹泉石，好珪璋彝尊、名人字画，又好书。”他将“好味”放在众多喜好之首，可见其吃货本质。袁枚生于康乾盛世，在社会比较繁荣昌盛、饮食文化随之不断发展的背景下，袁枚继承传统、开拓创新、孜孜不倦体验美食，将美食作为一门学问研究，甚至用上社交手段——比如吃到好吃的便让自家厨子去学。最终，他集几十年之力写出一本饮食文化百科全书——《随园食单》。

该书主要反映的是清代江南地区的饮食习惯和特色，也兼顾南北方饮食。不过在书中仅有一处明确提及“酱油”，是“蒋鸡”的做法。这应该是他去蒋御史家中做客，觉得好吃，便派自家厨子学来的做法。

蒋鸡：童子鸡一只，用盐四钱、酱油一匙、老酒半茶杯、姜三大片，放砂锅内，隔水蒸烂，去骨，不用水，蒋御史家法也。（《随园食单》）

书中提及酱油次数很少，与当时酱油在餐桌上的地位不符合，究其原因，应是称呼的问题。酱油有“豆酱清”“清酱”“豆油”“抽油”“秋油”等说法，就次数来看，在袁枚《随园食单》中，应该主要是称为“秋油”“清酱”，书中提及秋油71次，清酱25次。

事实上，“秋油”或者“母油”就是酱油，而且是比较好的一种酱油，秋油和母油的叫法在扬州、南京、无锡等地方言中仍沿用，不过近年来出现得少了。

篘（chōu）油则豆酱为宜，日晒三伏，晴则夜露，深秋第一篘者胜，名秋油，即母油。调和食物，荤素皆宜。（《随息居饮食谱》）

过滤好酱油应用好的豆酱，且需经过炎热的三伏天气暴晒，经过整个夏天的长时间的日晒夜露，直至立秋，夜露天降，酿成，此时过滤出的第一批酱油，就是最佳的秋油。

《随园食单》有“苏州店卖秋油有上中下三等”的字样，说明当时苏州卖酱油时分等次销售。秋油本身便是好酱油，而对秋油更深一层的等级划分体现了酱油商业产品的细化。袁枚的菜谱里常常提及“秋油”，这与他精益求精的美食追求相吻合，也符合这本《随园食单》透露出的文人精致自持的消费取向。

以一道家常酱肉为例，袁枚记载的做法是，“先微腌，用面酱酱之，或单用秋油拌郁，风干。”这道菜看来比较简单，先将猪肉用盐腌一下，要么刷面酱，要么浸秋油，然后风干。结合现在的做法来看，后一种风干酱肉实际就是上海人所称“酱油肉”，或是北方人的“青酱肉”。这两道均是将肉用酱油浸泡后风干的菜肴。

酱油也有“清酱”的提法，最明确的例证是清李化楠《醒园录》记录的“青酱法”。从其制作方法来看，制出的是酱油，青酱法就是是制酱油法。再细读《随园食单》每道菜的菜谱，结合日常经验，实际上就是加入了酱油。如“红煨羊蹄花”：

红煨羊蹄花：照煨猪蹄法，分红、白二色。大抵用清酱者红，用盐者白。山药配之宜。

这道菜的菜谱开头说要参照煨猪蹄法，回到书中的“猪蹄四法”篇发现，该法用的是秋油。再者，红煨羊蹄花是湖南邵阳地区风味名菜，其做法就是加入酱油，使之呈现红色。因此，可以

看出《随园食单》中对“清酱”“秋油”的称呼确实存在混用现象。

清代中期的烹饪书《调鼎集》是厨师实践经验的集大成之作，著作容量大，内容十分丰富。该书原本是手抄本，抄书者用工工整整的蝇头小楷抄写秘本，并整理出版。在这本我国古代烹饪技艺集大成的巨著中，有595条关于“酱油”的记载。第一卷“调和作料”篇，记述各种调味品，包括几乎最全面的酱油制作门类记载。从第二卷“铺设戏席和进馔款式”开始介绍一些菜肴，从家常菜到各杂牲、鸭类、羽类，有近500道菜使用了酱油。这本书中酱油的使用如此频繁，与该书的体量和成书背景有关。该书成书时正逢“康乾盛世”，地点在淮扬地区，经济更是发达，富有的盐商们食不厌精，注重口味，且他们本为盐商，原料价低，对酱油酿造更是利好。

小贴士：《调鼎集》共10卷，约有40万字。作者不详，近来研究认为部分篇章为童岳荐撰写。内容以扬州菜系为主，小到日常腌制，大到宫廷里的满汉全席，应有尽有。

清代的一些农书、方志对酱油多有记载，例如农书《农圃便览》中提到的24处“酱油”，全都是在烹饪方法里出现。《（嘉庆）泾县志》《（道光）昆明县志》《（道光）宝庆府志》《（咸丰）安顺府志》等地方志里都有关于酱油的记载。各地方志展示了酱油消费在全国的普及。

滇池多巨螺，池人贩之，遗壳名螺蛳湾……剔螺掩肉，担而叫卖于市，以姜米、酱油调之，人争食，立尽；早晚皆然。（《（道光）昆明县志》）

清代昆明附近多螺蛳，市场上有售卖滇池里打捞的螺蛳肉，加之姜米、酱油调味的“特色小吃”摊，广受欢迎。也有很多地方志记载，本地的酱油比别的地方好，而且地区特色明显，哪怕是较偏远的地区，也能酿造出香美的酱油。

其味香美，郎岱亦佳，胜于他乡。（《（咸丰）安顺府志》）

酱油不仅作为调味品出现在美食和菜谱中，还出现在祭祀里。

祭祀是我国古代的大事，祭品不能随意选择。能出现在祭品里，实际上是对酱油的认可，或者是酱油在日常生活中经常出现的反映。

“祭品制造法”中有和羹：用豕脊膂（lǚ）肉切薄片，煮牛淡汤焯过漉起，然后用盐、酱油、醋、芹、韭丝调匀……（《（道光）宝庆府志》）

和羹是配以不同调味品而制成的羹汤，在《圣门礼志》中亦有“和羹”的记载，古代的饮食文化有物质性和精神性两面，出现在祭祀场合的和羹更有精神含义。这道祭祀时用的羹，有参与祭祀的人之间关系和谐的含义。酱油在其中参与调味，也被赋予了一方和谐的神圣含义。

酱园经济

清代，酱油成了上至皇帝下至平民百姓的常用调料，更多地出现在对各类菜式的记载中，甚至还被列为税收的一项。

税收是商业发展的风向标，只有在市场上买卖的商品才会被征商品税，在古代税收制度建设不完善的情况下，能对酱油收税，其实也是酱油经济发展的表现。

清代的《户部则例》里食物税则中有“香油、虾油、酱油每百斤各税九分”“麦酱、酱油、醋每百斤各税一分六厘”“猪油酱油每百斤各税四分”等16条记载。《粤海关志》里也有诸如“酱油、酱各每百斤以上估银一两钱”等6条对酱油收税的记载。

历史文献中有关酱油的记录，绝大部分都出现在清代。这一现象不仅得益于清代丰富的史料留存，更是因为酱油行业在这一时期的发展。酱油消费增长迅猛，对酱油酿造提出了新要求，包括产量高、消耗少，味道美等。

社会对酱油的广泛需求促使社会上涌现出许多酱园、酱坊，形成酱园经济，证明这一时期有成规模且独立的酱油生产出现。

《清稗类钞》描述商业时提到了“二、饮料店。如酒行、酒店、酱园、油坊、茶叶店是也”。这表明酱园可和酒行和茶叶店并称，在日常生活中也很重要。

《大清光绪新法令》在实业一项中，记载了“三十七、酿造物及饮料：酱油、醋、葡萄酒、麦酒等”。可知，酱油已成为实业的一个门类。

在清代中叶，杭州有很多酱园，据《中国实业志》记载：“浙江酱园，有单独制酱者、有兼营酿酒事业者。酱园家数之多，首推杭县与杭州市，计有322家。”而加上遍布全市也称“酱园”的酱酒零售店家，共达

889家之多。[4]杭州可以说是遍布酱园，不过，酱园也不单只做酱油，还要兼做酱、酒等。

乾隆年间，安徽歙县人在开化华埠镇开办胡溶大酱园，有资金5万银元，雇工百余名。嘉庆十年（1805），衢城县西街王景丰酱园创立。道光十年（1830），江山清湖公泰酱园所产酱油闻名邻近各县。咸丰元年（1851），龙游王正丰酱园始制龙游小辣椒。光绪初年，常山瑞丰木榨油坊开张、龙游桥下胡同和油车产各种食用油。民国初期，衢州城关酿造业有县西街王景丰酱园、县学街程鼎元酱园、下街恒大酱园、水亭街德兴酱园、新桥街晋元酱园、坊门街晋兴酱园等7家，各酱园均兼酿黄酒。（《衢（qú）州市志》[5]）

衢州的酱园发展过程符合我国古代酱园发展规律，即从清代中期开始出现一些地理位置绝佳的大酱园，方便周围人购买酱油。之后扩展生产，广泛获利，开始做酱、做油、做酒，更有创意者，利用酱园便利易得的材料，做特色食材，如龙游王正丰酱园的龙游小辣椒。到民国时期，小酱园的数量就增多了。

古代制作酱油工艺的顶峰

在高消费的导向下，酱油酿造技艺也在不断精细化。

清代制作酱油的技术也在持续精进，虽未有根本性革新，

4 仲向平：《杭州运河历史建筑》，杭州出版社，2013，第74页。
5 衢州市志编纂委员会：《衢州市志》，浙江人民出版社，1994，第425页。

但却是古代制酱油技术的顶峰。技术的精进表现在造法的总结和门类的细化，《调鼎集》和《醒园录》是清代酱油技艺总结的最高峰。前者先总有“造酱油论”，包括造酱禁忌、试盐水法、制盐水法、制酱油法，然后细分为诸多门类：苏州酱油、扬州酱油、黄豆酱油、蚕豆酱油、套油、白酱油、麦酱油、花椒酱油、麸皮酱油、米酱油、小麦酱油、黑豆酱油、黄豆酱油、千里酱油。后者则有详细的提取手段介绍，使得古代酱油工艺程序记载更加完整。二者结合，有助于我们重现清代酱油的酿造工艺。

《调鼎集》中的“造酱油论”提到了一些封建迷信糟粕，如“下酱忌辛日，水日造酱必虫，孕妇造酱必苦”，但也记载了一些确有必要注意的禁忌，如“防雨点入缸……酱晒得极热时不可搅动。晚间不可即盖，应搅之日务于清晨上盖，必待夜静晾冷。下雨时盖缸，亦当用木棍撑起，若闷住，黄必翻。”提醒人们注意保持做酱油环境的清洁，关注发酵温度，进行通风等事宜，若不做到这些，会“翻黄”，即酱内部生热，酱逐渐变质并胀满溢出的现象。

小贴士：辛日为我国古代用干支纪年，天干为，甲、乙、丙、丁、戊、己、庚、辛、壬、癸。地支为子、丑、寅、卯、辰、巳、午、未、申、酉、戌、亥。古代以甲子计日，60天为一个轮回，辛日按天干轮回，每十日必有一个辛日，每月有三个辛日。在古代，十干日时各有禁忌之说——“辛不合酱，主人不尝；壬不汲水，更难提防”。

酱油酿造最基本的就是豆、盐、水，三者的合适比例是酱油成功的关键，但少有记载。该书提到试盐水和制盐水的方法，也是其特别之处：

式（疑为试字）盐水咸淡，用鸡子一枚入盐水内，若咸适中，蛋浮八分。淡则下沉，咸则浮起二指，丝毫不爽也。每黄十斤，配盐三斤，水十斤，乃做酱油一定之法。斟酌加减，随宜而用。

盐入水顺搅二三次，澄清，滤去泥渣，二次下盐再晒。色淡加麦糖汁、甘草水。但加颜色，须防春发霉，秋、冬无碍。

用鸡蛋试盐水咸淡，若咸淡适中，鸡蛋漂浮大约鸡蛋体积大八分；若淡了就会下沉，咸了就会浮起二指那么高。这样来试咸淡特别准确，经过多年的经验积累，做酱油的基本配置比例是：十斤豆黄，三斤盐，十斤水。但可根据需求斟酌改变比例。另外，古代制盐不精细，需要对盐水进行过滤处理。制盐水时，顺时针搅动两三次，澄清后过滤出泥渣，第二次下盐时，再晒，色淡了就加饴糖汁、甘草水。春天可能会发霉，秋冬气温低则不易发霉，可放心加入。

做酱油愈陈愈好，有留至十年者，极佳。乳腐同。每坛酱油浇入麻油少许，更香。又，酱油滤出，入瓮，用瓦盆盖口，以石灰封口，日日晒之，倍胜于煎。

做酱油，豆多味鲜，面多味甜；北豆有力，湘豆无力。

酱油缸内，于中秋后入甘草汁一杯，不生花。又，日色晒足，亦不起花。未至中秋不可入。用清明柳条，止酱、醋潮湿。

做酱油，头年腊月贮存河水，俟伏日用，味鲜。或用腊月滚水。酱味不正，取米雹一二斗入瓮，或取冬月霜投之，即佳。

酱油自六月起，至八月止，悬一粉牌，写初一至三十日，遇晴天，每日下加一圈，扣定九十日，其味始足，名“三伏秋油”。又，酱油坛，用草乌六七个，每个切作四块，排坛底四边及中心，有虫即死，永不再生。若加百倍（疑为部字），尤炒（疑为妙字）。

一是酿制酱油的时间越久越好，甚至有酿了十年的酱油，味道特别好，做腐乳也是这个道理。做酱油时浇入一点儿麻油，会使味道更加香浓。把酱油滤出后，倒入瓮中，口部覆盖瓦盆，再用石灰堵住口，然后进行每日日晒，这样的酿造方式比煎煮出来的酱油口感更佳。

二在制作酱油时，增加豆子的量会使味道更加鲜美，而加入更多的面则会让味道变得甜美。北方产的豆子品质较优，相比之下湖南产的豆子稍逊一筹。

三是在中秋节之后加入一杯甘草，可避免酱油在被产膜酵母感染后产生灰白色斑点。确保充足的日晒也能防止斑点的产生。在中秋节之前不宜加入甘草汁，可使用清明时节的柳条来控制酱、醋的潮湿程度。

四是做酱油需要储备好前一年腊月的河水，等到伏天的时候使用。以腊月的滚水制作，可使酱油味道更加鲜美。如果酱味不正，就取一两斗米粒大小的冰雹放入瓮中，或者取在冬月（农历十一月以后）刮下的霜水倒入瓮中，这样味道会得到改善。

五是做酱油通常从六月开始到八月结束，这期间应悬挂一个可以写字的木板，上面标注初一至三十的日期。遇到晴天就在日下面画一圈，完成九十圈后，酱油的味道就达到了极佳的状态，被称之为“三伏秋油”。

另外，可在酱油坛旁边放一些草乌防虫，把六七个草乌，每个切成四块，排在坛底四边和中心，虫子遇到草乌就会死，且永远不会再生。使用百部也可以起到杀虫的作用。

古人大量总结了长期以来的做酱油经验，有些“小窍门”未必科学，比如第四条提及一定要用腊月的水做酱油，就有些牵强。但是通过这些经验已经能明显看出，他们在制作酱油时，注重选料、时间、卫生和调味，同时也意识到使用天然杀虫剂的重要性。但是，草乌和百部的块根都有极毒的生物碱，人类摄入过量易致死，要特别注意。

总的来说，各个细分门类在酿造酱油时有着不同的添加比例、日晒时间、利用率与添加物。以苏州酱油和扬州酱油为例，同样出三百五十斤酱油，苏州酱油需用一百三十斤豆黄、一百二十斤盐、四百五十斤水；而扬州酱油则需要二百二十斤豆黄、一百五十斤盐、五百五十斤水。制作时间也不同，苏州酱油需六十日，扬州酱油则需三个月。

此外，利用率也有差异，苏州酱油会二次出油。第一次出油后加入一百斤盐和四百斤水，六十日后可再得三百斤酱油。《调鼎集》还记载了蚕豆酱油、麸皮酱油、米酱油等不同种类的酱油，使用的原料已不局限于一般使用的大豆。

值得一提的是，蚕豆酱油首次出现在记载中，表明我国的酱油酿造仍在不断探索创新，并且与地域产品密切相关。

再看《醒园录》中酱油技艺的精进和提取手段的介绍。《醒园录》为清代李化楠撰写的一部饮食专著，其子李调元编刊成书，记载酱油酿造、菜式做法都非常详尽。

先大人（笔者按，指李化楠）至于宦游所到，多为吴羹酸苦

之乡。厨人进而甘焉然者，随访而志诸册。不假抄胥，手自抄写，益历数十年如一日矣。

李化楠做官和游历各地时，常到访江浙一带，尝遍各位厨师烹制的佳肴，记录并学习烹饪方法。每次他都亲自动手进行记录，而不是委托他人，这点比袁枚派厨子学做菜要更加设身处地一些，想必其下厨水平应该能超越袁枚。

李化楠记载的酱油酿造法名为清酱：

黑豆先煮极烂，捞起候略温，加白面拌匀（每豆一斗配面三斤，多不过五斤），摊开有半寸厚，上用布盖密，不拘席草皆可。候发霉生毛，至七天过晒干，天气热不过五六日，凉不过六七日为期，总以生毛多为妙。然不可使烂。如遇好天气，用冷茶汤拌湿再晒干（用茶汤拌者，欲其味甘，不拘几次，越多越好）。每豆黄一斤，配盐十四两、水四斤，盐同水煮滚，澄清去浑底，晾冷，将豆黄入盐水内，泡晒至四十九日。如要香，可加香蕈、大茴、花椒、姜丝、芝麻各少许。捞出二货豆渣，合盐水再熬，酌量加水（每水一斤，加盐三两），再捞出三货豆渣，并再加盐水再熬，去渣。然后将一二次之水随便合作一处拌匀，或再晒几天，或用糠火熏滚皆可。其豆渣尚可作家常小菜用也。按，豆渣晒微干，加香料，即可作香豆豉。

先将黑豆煮至非常烂，捞起，待稍微温热时加白面拌匀。用量比例是一斗豆配三斤面，最多不超过五斤。全部摊开后有半寸厚，上面用布盖严，若不讲究，用席草也可以。等到豆发霉长毛，至多七天后晒干，天热的话不超过五六天，天冷最多六七天，生毛越多越好，但不能让豆子烂了。如果天气特别好，可以用冷茶汤拌湿了再晒干。如果用茶汤拌，还想让它的味道甜，那就不限拌几次，越多越好。每一斤豆黄，要配十四两盐，四斤水。盐、水一起煮，放置澄清后过滤出底部的残渣，晾冷后，把豆黄放入盐水中，泡晒四十九天。若想增香，可加入少许香革、大茴、花椒、姜丝、芝麻。制成后，捞出已经泡制一次的母豆子，再加入盐水熬，适量加水，一斤水加三两盐，做成后再捞出泡制两次的母豆子，再用盐水熬，并去渣，将两次的酱油合成一处拌匀，要么再晒几天，要么用火加热。剩下的豆渣还可以做家常小菜，把豆渣晒干加入香料就可以做家常香豆豉了。

从中可见，做清酱法同之前所载的酱油酿造技艺十分相似，但又有所增进。无论是做曲的用量，还是具体情况下所需时间的不同，记载都很详细，对提甘、提香的方法也有记载，足以证明酱油酿造技艺的精细化。

这段记载最重要的是，出现了明显的生抽和老抽做法。生抽是将晒制成熟的原汁酱油或二抽油（第二次复酿抽取的油）、三抽油（第三次复酿抽取的油），拿去调配煮制成为成品酱油。老抽则是将成熟酱醪中的原抽油、二抽油或三抽油等进行调配、煮制、灭菌，再次投放到陶缸，复晒老化。[6]《醒园录》所记方法里，抽完酱油后，合成一处拌匀是生抽，再晒几天是老抽。

6　梁瑞池：《广东生抽、老抽酱油的传统由来、演变用法和市场生命力》，《中国调味品》2010年第21期。

《醒园录》中还有一重要的记载，是关于酱油提取方法的，这在其他文献中很少见。方法名为逼清酱之法：

至逼清酱之法，以竹丝编成圆筒，有周围而无底口，南方人名酱篘。京中花儿市有卖，并盖缸蔑编箬箬竹之叶絮，大小缸盖，俱可向花儿市买。临逼时，将酱篘置之缸中，俟篘坐实缸底时，将篘中浑酱不住挖出，渐渐见底乃已。篘上用砖头一块压住，以防酱篘浮起，缸底流入浑酱。至次早启盖视之，则篘中俱属清酱。可用碗缓缓挖起，另注洁净缸坛内，仍安放有日色处，再晒半月。坛口须用纱或麻布包好，以防苍蝇投入。如欲多做，可将豆、面、水、盐照数加增。清酱已成，未篘时，先将浮面豆渣捞起一半晒干，可作香豆豉用。

把一只用竹丝编成、上下无底，南方人称之为“酱篘”的圆筒插入酱缸之内。到要逼清酱时，将酱篘竖立于酱缸内，将筒内的酱舀出堆放在筒周围，直至见到缸底，再在篘顶部压一块砖以防止其倾倒。这样，周围的豆酱会通过竹缝渗入筒内，形成过滤。静置一夜后，第二天，竹篘内便会充满澄净的清酱。可以用碗缓缓挖出，放入干净的缸或坛中，安放一段时间，再晒半月。坛口需包裹沙或麻布以防苍蝇进入。如果想多做，可将豆、面、水、盐按比例增加。清酱做好后，未取时可先捞出表面浮渣，做香豆鼓。

《醒园录》文后还有制麦油，即小麦酱油的方法。综合来看，该书将整个酱油制作流程全部载入，其方法也几乎不浪费任何原料。详细的记载使得做酱油简便易学，这使普通家庭可以学习酿制。同时，不浪费原料贴合人们需求，使之更受大众欢迎。

可以说，清代是古代酱油发展的最高峰，社会酱油消费需求大，酱油使用面广，酿造技艺也不断精进、完善。社会中酱园逐步增多，成为独特的景观。一些经营有方、颇具规模的大酱园也在这一时期出现，包括北京的六必居、广东的茂隆、浙江的咸亨、上海的钱万隆等。不仅形成了特别的城市景观，也保证了工艺的传承。

第四节 民国蜕变：传统手工业向现代制造业的迈进

民国时期的酱油行业在内外因素的共同作用下，经历了一场前所未有的、从传统手工业向现代化工业转型的深刻变革。日本酱油的冲击、实业学堂与工业试验以及民国酱油企业的崛起，共同塑造了这一时期酱油行业的独特面貌。

千年传承与外来冲击的较量

日本酱油源于中国，并走上了自己独特的发展道路。在1868年明治维新的影响下，日本工业化进程快速推进，产量大大增加。在1884年，日本反而向中国运来酱油，进军上海市场，与其他外国酱油竞争，并对中国市场造成广泛冲击。当时的情况显示，日本酱油不仅销往中国市场，甚至一些先前不食用酱油的区域也开始受到影响，逐渐接受日本酱油，华人自制酱油所占领的新市场规模无法弥补丧失的市场份额。

《字林沪报》有一小版块记载了日本酱油进上海的珍贵历史：上海西菜馆类用外国酱油，而并未闻有日本所制者。日本柳川清助君近由东京运到若干桶，取试尝之，味甚鲜美，此日本酱油运来上海之始。[7]

日本酱油较我国制味为浓厚，故近来颇销入内地。即如奉吉等处人，初不食酱油，自日人运销后，日渐增加，近年虽有华人就地制贩以为抵制之计。然所挽回者终不抵所丧失者之多也。[8]

中日酱油竞争最激烈的战场位于东北，并且扩散至南洋地区。1933年，在广东建设厅工业试验所改良酱油会议上，上海酱园代表张昌辉在借中日酱油事业竞争之历史，谈商人应主动有所作为时，对中日间酱油市场的竞争有所总结。他认为中国商人墨守成规、不愿改革，而日本人则不仅有雄厚的资本，还利用科学方法提高产量和质量，背靠非法政府的庇护，占尽各种有利条件，甚至公然购买私盐，以压低价格。当地政府也对日本酱油产业束手无策。在经营已占尽优势后，日本还利用航运的便利，侵略南洋市场，波及广东地区。中国为主，日本为客，但二者形势有异，中国被日本限制，实属可悲也可耻！挽救的方法只能是商人主动努力，政府在旁给予协助。

中日酱油事业之竞争，以东北为尤甚。鄙人涉足平津青济四五年，而东三省亦有深长之历史。目击日人竞争之结果，已喧宾夺主为我以上，原因则以华商墨守旧法，不事改革，日人则以雄厚资本，利用科学方法，又借非法政府之庇护，各种俱占便宜，且公然购买私盐。当地政府莫奈伊何！故营业以占优势，

7 《日本酱油》，《字林沪报》1884年1月17日，第3版。
8 《日本人之经营酱油谈》，《时事新报（上海）》1914年6月21日，第13版。

复借航运之便宜，以侵略我南洋市场，故广东方面亦受其影响！主客异势，而反为客所制，成大可哀亦大可耻！挽救之道，是在商人自为之，政府协助之而已。[9]

针对日本酱油带来的冲击，国人也探索了一些对策。除了详细介绍情况，尝试激励国人购买国货，发展本土酱油业外，国内一些报纸采取了极端手段，如报道日本酱油有毒，称“萨加林”对肠胃有极大的影响之语，“大阪支店贩卖之酱油中竟以萨加林混入”[10]。但“萨加林”不知为何物，不排除可能是国内为了抵制日本酱油倾销而凭空杜撰的一种“物质”。此类消息随着日本酱油的流行，不攻自破，国人不得不正视问题并寻求解决方案。

民国政府曾出台法令，对进口酱油多征倾销税。当时人还发现，日本酱油之所以物美价廉，在于政府的推动和技术的提高，于是许多报刊开始报道日本的酱油酿造技术、日本酱油财政优惠和推销方法等。盐价是制约国内酱油的重大障碍，应设法救济，提出“国货酱油产销日减，应受盐价昂贵之影响，立法院提案设法救济”。[11]

值得一提的是，1935年《科学画报》第24期，发表了题为《日本酱油酿造工场参观记》，并配以照片，介绍了总公司、大豆小麦精选机、豆麦混合室、工场锅炉室、装瓶机装瓶流程、贴盖商标、成品运输等一系列内容，为民国时期的人们提供了最直观的日本酱油制造及生产场景的展示。

9 罗尧范：《指导：广东建设厅工业试验所改良酱油会议（十一月二十五日）：附上海酱园意见书（附图表）》，《广东建设厅工业试验所年刊》1933年，第490~496页。
10 《日本酱油之害卫生》，《神州日报》1909 年11月23日，第3版。
11 《国货酱油产销日减》，《时事新报（上海）》1930年11月4日，第4版。

实业救国，探寻酱油行业的出路

相较于日本酱油产业的迅速发展，晚清到民国时期，中国酱油行业却面临着艰难的升级。近代以来，我国商品经济发展较快，带动餐饮市场的繁荣，因此对烹饪品质的要求逐渐提高，这就使得酱油的调味、调香、调色功能愈发得到重视，社会对酱油的需求量也越来越大。

然而，传统的酿造技艺生产出的酱油品质不稳定，无法满足市场需求；清政府为偿还战争赔款，加征盐税使得酱油生产成本上升。这些都对酱油行业稳定品质、扩大产量、降低成本造成了阻碍。

唯有提升酱油酿造技术才能应对挑战。在国家支持下，一批先进知识分子开始投入酱油制造技术的升级中。从清光绪颁布新法设置实业学堂，到南京民国政府成立工业实业试验所，制酱油等传统工艺逐步实现“科学化”，同时也被赋予了科学、卫生、爱国主义等价值。

自鸦片战争以来，中国逐步沦为半殖民地半封建社会，西方国家在华攫取种种特权，这深深刺痛了国人的民族自尊心。在国家危难之际，人们首先关注的是坚船利炮的制造，酱油这种日常生活用品的技术研究则起步稍晚。

黄遵宪是清政府首任驻日参赞，他在出使日本期间（1877—1882），自觉地承担起“采风问俗”、为“朝廷咨诹询谋”的责任。他花费8年时间完成了《日本国志》，共12志40卷50万字，

是近代中国研究日本的集大成代表作。书中多次提及酱油，特别是在记载日本全国各地物产时，各个地区特产都有酱油一项，在制作日本特色“五斗味增”也需要加入“酱油滓一斗”，可见酱油在日本的消费市场之广泛。

此书中记载了日本的酱油酿造方法：将去壳的大豆和炒熟的小麦一起蒸熟，覆盖上黄子，晾晒干，然后将其与热盐水放入大桶中，并每天搅拌，经过70天即可制成。制成的酱油需去除杂质再进行煮沸处理，然后可供使用。在酱油即将成熟时，也可选择取出澄清部分，被称为“多末厘”。

黄遵宪记载的日本酱油做法和我国传统酱油酿造法并没有明显区别，只是在原料处理上略有差异：日本将大豆煮熟，小麦炒熟，我国传统则是用煮熟的大豆和生面粉做酱油。

虽然黄遵宪所记日本酱油酿造法并没有明显的进步，但根据前文对日本酱油发展过程的梳理可知，当时日本早已开始使用发酵效果极佳的米曲霉菌进行酿造，国家政策也在支持酱油产业，认为日本酱油超越中国指日可待。可以说，中日间真正的差距并不在于所谓大规模的机械化，器物可以买、可以造，而中国酱油行业的劣势在于缺乏有利的市场环境和专业人才。甲午战争后，日本酱油产业突飞猛进，入侵中国市场，刺激国人神经。

酱油技术升级受到国家的重视，离不开“实业救国”的思潮。洋务运动开始后，“自强、求富”的追求动摇了传统小农时代“重农抑商”的思想，重商的观念逐渐流行。甲午战争的败严重损伤了国人的自尊心，有识之士纷纷寻求救国新路，“实业”的概念出现并被广泛接受，发展实业也被视为重要的救亡手段。

1901年，清政府签订了《辛丑条约》，4.5亿两白银的赔款给人民背上了沉重的包袱。为救贫救国，“振兴实业”的呼声日益高涨。中国酱油产业升级势在必行，中国传统酱油行业依靠自身力量实现历史性突破的时间已经所剩无几。

1927年，留日学人借助日本经验和新科技，在北京开办“丙寅食料品工厂”，这被视为中国酱油传统工艺继“全部制曲”之后再次变革的代表性事件。[12]关于酱油酿造技术的改变和提升，当时的媒体也予以了报道，《良友》对酱油制造进行了详尽介绍。使新式机械通过该画报传播，无疑会产生更大的影响力。画报的报道也为我们留下了珍贵的民国酱油酿造技术发展情况介绍，包括从选择与处理原料、制曲、形成酱坯和生酱油，直到成品酱油的全过程。

小贴士：《良友》画报是中国现代新闻出版史上出版时间最长、发行量最大、发行范围最广的刊物。

首先要注意的是简易机器的应用。在处理原料阶段，有“选麦机”用于剔除小麦中混杂的砂石，“转炉”用于辅助翻炒，“碾麦机”则用于碾磨麦粒。榨取生酱油时采用了“榨机”，而非传统的“逼清酱法”。动力系统方面，则采用了蒸汽机。

12　赵荣光：《中国酱油的发明、工艺演进及其文化历史流变》，《饮食文化研究》2005年第1期。

其次是整个流程的有序性和操作环境的卫生。丙寅食料品工厂的制造新法，步骤清晰，注重灭菌以保证食品卫生。传统酱油业内有句“无蛆不成酱”的俗语，一语道破传统酿造方式的弊端，而新法制曲设有专门的曲室，曲室有专门的消毒工具和规定，曲室和蒸豆区域的连接处需随时洗刷保持清洁，生酱油在出售时还要加热杀菌。整个环境也从传统“日晒夜露”变为工厂生产。

最后，丙寅食料品工厂对种曲的尝试也值得称赞。“天然踩黄”的传统工艺极易受到污染，而食料厂则将其移入专用曲室，具备相对封闭的环境，同时注重消毒和卫生，并始终保持适宜的温度以促进曲的化学反应。

综上，丙寅食料品工厂酿造新法与日本酱油业相比，在机器的使用和对杀菌消毒的重视上，二者似乎并没有太大差异。但还有一项核心技术——“曲种”，中国并未完全掌握。丙寅食料品工厂曾试用种曲，但很快就停业了。[13]要实现发酵核心技术的升级，需要专业的微生物人才，而人才的培养和对菌种的研究都需要一定的时间，这正是当时中国所缺的。

新专业之酱油制造法

现实的冲击、兴办实业的热潮以及对人才的急需共同推动了国家教育改革，端方所撰《大清光绪新法令不分卷》就有许多关于实业的记载，将兴办农工商各项实业学堂，培养人才获取谋生技能视为最利国利民的手段。

---

13 陈騊声：《中国微生物工业发展史》，轻工业出版社，1979，第77页。

新法中有四处提及“各省宜速设实业学堂”，催促各省创办实业学堂，对农工商人才尤为重视。

新法中有“农工商各项实业学堂，以学成后各得治生之计为主，最有益于邦本。”

其中，实业学堂分初等、中等、高等。初等实业学堂分为农业、商业、商船3类；中等实业学堂分农业、工业、商业、商船4类；高等实业学堂分农业、工业、商业、商船4类，农业类学堂贯穿其中。

人才培养的规划也相对紧凑完善，将人才划为两部分，一部分学子在中等学堂速成，毕业回省再创办学堂，教授简易的技术；另一部分学子在高等学堂学习完备的知识，甚至出国深造，学成后将所学精深的理法充实高等学堂。这样，既能培养出高素质人才，又能及时将技术转化为生产。同时，高等实业教育强调理论与实习实践结合，在农业学堂开设21门理论课和25门实习课，其中就包括酱油制造法。

新法记载“有实习农业之科目……二十四酱油制造法”，二十五为酿造法，其中应包含酿酒等酿造技艺，但酱油酿造为单独一项。同时，高等实业学堂也规定需提供必要的农事试验场和各种实验室等。

此后时局虽然动荡变化，但注重发展实业以救国，注重发展技术培养人才的大方向始终如一。《东方杂志》在1910年发表了胜因的《实业救国之悬谈》，认为清政府宪政改革成效不大的根

源在于没有抓住“实业”这一根本，提出“然则今日救亡之术，固当以振兴实业，为唯一之先务。”社会上持此实业救国论者不在少数。

1911年辛亥革命后，革命派转变为国家经济建设的推动者，践行“实业救国”的主张，实业救国思潮广为流传。刚成立的中华民国也为发展实业提供了一些积极因素，国民拥有了结社的自由，为振兴实业，实业团体如雨后春笋般涌现。这些实业团体致力于提倡国货，抵制洋货，为国货在本国的市场争得生存空间。

技术的发展离不开外部环境的扶持和内部人才的培养和积累，实业救国的风潮给酱油产业提供了更有利的外部支持，酱油工业前期人才培育的果实也终于要收获了。日本酱油技术发达的首要因素，就是曲霉菌的使用——日本人高峰1894年发现了曲霉菌产淀粉酶之后，科学家们便对曲霉菌的奥秘更为重视，加紧进行研究。直至1931年，南京中央工业试验所首次从黄子里分离得到了蛋白酶活力很强的米曲霉菌株，为国内的酿制酱油法开拓了新途径。[14]

这其中贡献最大的当属陈騊声。陈騊声19岁进入北京工业大学学习应用化学科，攻读制糖、酿造等课程。1922年毕业后，由俞同奎校长推荐到山东济南黄台溥益糖厂酒精厂工作，1927年，溥益糖厂因军阀混战，原料不足，停工关厂，陈騊声只得转入大学任教，因为其丰富的实践经验，深受学生的欢迎。[15]他在上课时，还曾用日本种曲为学生做酱油生产的实

14 洪光柱：《中国食品科技史》，中国轻工业出版社，2019，第304页。
15 中国科学技术协会编：《中国科学技术专家传略 理学编·化学卷1》，中国科学技术出版社，1993，第209~221页。

验，引起学生们很大兴趣。

小贴士：陈騊声（1899—1992），字陶心，福建省闽侯县（今福州市）人，被誉为中国近代工业微生物学奠基人和开拓者，对我国传统酱油酿造工艺改良作出较大贡献。

民国政府想要培养实业人才，推进生产的科学化，于1930年设立了中央工业试验所，推动了与农业关系密切的实业发展，如纺织，造纸，肥皂、酱油、陶器的生产等。酱油为民众生活必需品，改进酱油技术是试验所的重要工作。

陈騊声于1930年下半年担任实业部中央工业试验所酿造研究室主任。他在总结我国各地旧法酿造酱油的基础上进行大胆改进，从酱油中分离出蛋白酶活性很强的米曲霉，用于纯种曲酱油酿造法，引起了国内酿造界的轰动，开启了中国传统酱油酿造法的改革。

但他认为自己对酱油酿造法的改良仅仅是“进行了一些初步研究”，指出旧式酱油制造法中“发黄子”只利用空气中的霉菌，这造成了曲的霉菌很不纯粹。用“黄子”中提取出的米曲霉制成的种曲，有如下优点：

第一，使用纯粹的蛋白酶活性最高的米曲霉，可以提高大豆出酱油率；第二，四季可以制曲，不受季节的限制；第三，制曲时间短；第四，杂菌污染的机会少。[16]

16 陈騊声：《中国微生物工业发展史》，轻工业出版社，1979，第77页。

1931年，陈騊声成功研究出速酿法，显著提高了酱油质量和生产效率。他在北京读书期间，实地考察过许多酱园，详细了解过旧式酱油酿造法，结合他在自己家乡琯头对旧式豉油酿造的考察后发现，旧式酿造酱油需要一年，而旧式豉油酿造只需100日。

在综合比较后，他发现酱油的原料有豆与麦两种，发酵时，麦中淀粉分解为糖。酱油醪中糖量多时，蛋白质被蛋白酶分解的速度就变慢了。因此，可将曲中的麸皮或麦粒筛去，分别加盐水并保温发酵一个月后，再合并发酵一个月。这样酱油醪在两个月内就成熟了。制作时将四个木桶放入一个水泥制方挡内，槽内放温水加盖，时时通气保温。[17]

此法先分别发酵，后合并发酵，因此取名为“Y”字形发酵法。

依据此法酿成的酱油质量和天然发酵一年以上的成品质量完全相同。酱油速酿法初试成功后，陈騊声利用一个数百平方米的旧造纸厂的平房建造了100多个保温发酵池，批量生产酱油。[18]这项发明很快得到了宣传。1931年6月30日的《中央日报》对此事进行了报道，并表示“不日将分送各学术机关，以资研究。闻该所不久将开酿造演讲会，实地指导新式酿造法”[19]可见，速酿法不仅继续开展学术研究，也开始指导工厂实际，实现了理论和实践双线发展。

短短三年，陈騊声主导和参与的一系列实验，提高了酱油发酵效率，缩短了发酵时间，节约了酱油酿造的成本，为我国酱油业的发展做出历史

17 陈騊声：《中国微生物工业发展史》，轻工业出版社，1979，第77页。
18 中国科学技术协会编：《中国科学技术专家传略 理学编·化学卷1》，中国科学技术出版社，1993，第213页。
19 《酿造酱油》，《中央日报》1931年6月30日，第8版。

性的贡献。同时他还在酿造理论方面留下一些著作，如《发酵工业》《农业制造》《高等酿造学》等。

1934年，金培松担任实业部中央工业试验所酿造研究室技士，他对旧式酱油酿造法进行了一系列研究和改进，打破了旧式酱油酿制法的框框。在发酵方面，他采用纯碎培养法制种曲，继而利用小麦和大豆制曲进行稀发酵，同时还进行了“温酿”，以缩短发酵周期。

不止该试验所，当时还有很多机构和科研人员投身于对酱油酿造的研究。20世纪30年代，国立中央大学、上海复旦大学相继成立了食品工程专业，影响最大的是国立中央大学办的食品工业系，开始将微生物学、生物化学等科学与酱制品的生产结合起来，使得几千年的传统工艺有了理论上的研究，出现了许多完整介绍酱和酱油生产技术的书籍，用科学的理论来阐述分析生产过程，这在以前的书籍中是未曾见过的，如方乘的《农产酿造》、秦含章的《酿造酱油之理论与技术》等。[20]

除了这些在酱油酿造方面深耕的知名大家外，还有很多学者为酱油技术进步做出了贡献，如魏岩寿和方心芳师徒、吴承洛、孙宗浩等人。魏岩寿注重研究传统发酵食品和保存菌种，他曾指导他的学生方心芳研究酱油，在酱醪中分离酵母菌。1931年，他们一起在《新农通讯》上发表了《中国酱醪中之数种酵母》，这

20　谢韩：《酱和酱油的发展简史》，中国轻工业出版社，2018，第48页。

是我国科学家从传统发酵食品中分离出第一批工业微生物菌种，为微生物学进行了大量的奠基性工作。[21]

吴承洛的主要贡献在参与度量衡标准制度制定，以及长期参与并负责主持化学命名原则和化学名词统一的编译、审定工作。他曾写有《中国酱油制造法》一文，里面记载了当时的多种制酱油法，包括万聚酱园法、万润酱园法、戴恒泰酱园法、聚康酱园法、本草纲目法。

酱油酿造方法还借助新式媒体，更广泛地流传起来。当时电影业有两大标准，一是教育电影化，另一方面是电影教育化，以此发扬民族精神，鼓励生产建设，灌输科学知识，发扬革命精神，建立国民道德。当时在“淮南四铁路沿线各中学校放映教学影片，制造……‘酱油’……”

国立中央大学食品工业系的课堂

21　邓子新：《中国酒曲制作技艺研究与应用》，中国轻工业出版社，2019，第128页。

（《中国教育电影协会 八年来工作实录》），通过这种方式普及基本的酱油酿造知识。

从实业学堂到工业实验，再到酱油产品的广泛科学化，仅仅30多年，国人就完成酱油产业的升级。可以说，酱油酿造技术的升级是近代我国许多产业技术发展的代表。在发展的背后，虽有外来产品的竞争压力、国内环境的约束，但也有政策上的支持和众多科学家们不懈地探索。

第五章

中国酱油文化：烟火气与国际范

“金笺及扇面误字，以酽醋或酱油用新笔蘸洗，或灯心揩之即去。”相传苏轼曾创造性以酱油做清洁剂净墨污，但酱油最主要的功能还是饮食调味。“酱油文化”虽从属于饮食文化，但并不局限于菜谱，以饮食为起点，酱油文化在数百年的发展历程中，渗透到我们生活的各个领域，融入我们的传统文化与现代生活之中。中国是酱油的起源地，也是现今酱油最大的生产国和消费国。随着酱油成为国际化的调味品，中国酱油文化对世界也产生了极大的影响，酱油在走向世界的过程中，与各地饮食文化相结合，呈现多元化发展趋势。

第一节 不是吃货的文人不是好文人

我们常以“油盐酱醋”指代生活中鸡毛蒜皮的小事，而一些与日常生活相关度太高、太常见的事情往往会被忽视，但小事并非不重要的事。古代书籍中没有关于酱油的专门著作，要想查阅与酱油相关的资料，人们往往去农书中寻找，其记载的多为酱油的制作方法和使用方法。但事实上，除了农书，酱油一词在各类书籍中都可找到。

“酱油”，出道即巅峰

“酱油”一词从宋代开始正式出现，且与日常生活的融合度越来越高，关于酱油的各项记载也越来越多。

北宋时，酱油已是与醋并列的两大调味料[1]，看起来颇有些出道即巅峰之感。其实酱油的形成经历了“醢→酱→酱清→豉汁→酱油”这一过程，汉代时酱就已经成为平民大众经常食用的调味品，南北朝时酱清、豉汁的使用相当普遍，贾思勰的《齐民要术》中便有多篇“酱清”“豉汁”的调味食谱，故而宋代酱油的广泛使用并非什么突然之事，实则是调味品演变中顺其自然之规律。明清时期，酱油在饮食领域的应用进一步拓宽，食物

1　赵荣光：《中国饮食文化史》，上海人民出版社，2006，第322页。

烹饪方式也在这一时期获得巨大的进步。

北宋大文豪苏轼因“爱吃”，在网络上被戏称为“文坛界的吃货”，诸如东坡肉、生蚝、荔枝等“苏轼精选”，在今天的饮食界仍广受欢迎。在酱油的使用方面，苏轼也是走在前列。他曾在《物类相感志》中写道“作羹用酱油煮之妙”，汤羹以清淡为主，加入酱油不仅可以调节咸度，也可增加香味。这一调味方法传至今日，我们家中常做的蛋花汤便常以酱油点缀，早餐中的豆腐脑、糁（方言读作sá）汤等也必定会用到酱油。

小贴士：《物类相感志》是旧本题东坡先生撰文言文古书。但清代纪晓岚等人编撰的解题书目《四库提要》中注释，“然苏轼不闻有此书，又题僧赞宁编次”，明确提出，此书为后人冒充前人写的，因此目前学界普遍以南宋《山家清供》为“酱油”一词最早的出处。

无独有偶，南宋文人林洪也是著名的饮食家，其《山家清供》中有多处使用酱油的记载。学界普遍认为，“酱油”一词正是在此书中首次登场。与苏轼相比，林洪似乎更喜欢以酱油拌菜，菜谱中调味品不仅有酱油，还伴有油、盐、醋、姜等，可见此时酱油已经能与其他调味品搭配使用了。

韭菜嫩者，用姜丝、酱油、滴醋拌食。

嫩笋、小蕈、枸杞头，入盐汤焯熟，同香熟油、胡椒、盐各少许，酱油、滴醋拌食。

春采苗，汤焯过，以酱油、滴醋作为齑，或燥以肉。

酱油在宋代已有一定规模，不仅在食谱中有记载，在其他方面的书籍中也可窥知一二。妇科医书《女科百问》叮嘱，在治疗女性呕吐、心痛的药方后“忌盐、酱油、面、生冷等物”，南宋医学家朱佐的医书《类编朱氏集验医方》中也记载“忌鱼、酒、酢、酱油、海味等”。比起食谱来说，医书所对应的人群范围更广，可见当时酱油在普通百姓的饮食中也已是常见事物。

食谱的“古方今用”

与宋代相比，明清酱油在烹饪使用方法上有明显的进步。宋诩《竹屿山房杂部》中关于酱油使用方法的记载便有三十余处，食谱中对酱油的使用比宋代更为多元化，酱油与食材，以及其他调味料的配合方式也更多样。所涉及的食材众多，包括牛、羊、猪、飞禽、河鲜、海鲜、青菜等，一些食物的做法与今日已相当接近。烹羊以酱油拌熟肉，熟牛肉将酱油加入汤中炖入味，猪肉饼中的酱油是与香油一起承担煎的功能，猪肾则是加入酱油后爆炒，与今日酱油煮炖、凉拌、烹炒、蘸食等主流用法已十分接近。工序上多种调料互相配合及对先后顺序的讲究，也说明当时对酱油烹调功能的认知已经有了相当高的水准。

烹羊　取肉烹糜烂，去骨，乘熟以布苴压实，冷而切之为餻，惟头最宜熟，肉宜烧葱白酱，或花椒油，或汁中惟加酱油瀹之。

熟牛羓　一用精者，视理薄切为牒，和以盐、酒、花椒、布苴，压干，作沸汤微焊，日暴之。一用精者，切为轩，以花椒、酱沃。顷之，加

宋诩《竹屿山房杂部》中的“熟牛肉”

酒、水、酱油、醋，宽烹至汁竭为度。俟冷，或析为细缕。

猪肉饼 以酱油同香油煎熟。

猪肾 合酱辣汁浇，芥辣浇。擣蒜和肾脱之块，切花椒、葱、盐浥，入熟油中，速炒酱油、酒浇，即起。

烹鹅 水烹作沸汤时，宜提动灌汤于腹，易熟。烂宜葱油，脔宜花椒油，宜用其汁同胡椒、花椒、葱白、酱油调和瀹之。

竹鸡等鸟类 《本草》云：食槐子者，治风疾。鹌鹑、铁脚之属。捋洁，用熟香油、花椒、葱、酱油。烦揉架锅中烧熟，滴醋熟锅中发烟。熏黄香宜蒜、醋。

黄鲫 宜酢，俱宜油煎，宜日暴之属，微腌酒水作沸，以小笪布鱼烹熟。特起，以盐、醋、花椒、葱和汁浇瀹之。有以胡椒、酱油和汁浇瀹之。鱼小者，为牒者，为脔者，宜入笪烹，多倣此。

鳜鱼、乌鱼　汤焊。治去鳞腮，涤洁，薄鈹䐑，盐酒微浥，布小筥中，甘艸水作沸汤焊熟。预以肚骨投烹，加胡椒、酱油、醋调和为汁瀹之。和物宜山药、鲜竹笋、茎白菜、芦笋。暑月似冻，去骨，熬璚枝调入，冷切糟用。后做此。

生酱虾　用鲜大虾同末，花椒、酱油中渍熟，宜醋。

油炒虾　先入熬油中炒熟，酱、醋、葱调和，一惟以盐。

酱蟹　熟蟹去脐，以原汁俟冷，调酱渍之。一生蟹团脐者，惟以酱油渍之，可留经年。宜醋。

烹蚶　先作沸汤，入酱油、胡椒调和，涤蚶投下，不停手调旋之可拆遂起，则肉鲜满和宜谭笋。

咸蛏　作沸汤投之，滴香油数點，肉自脱下。宜和猪肉醢料为汤饼馅，宜入羹，宜酒渍，同蚶。宜酱油渍。宜为鲊，同蛤蜊。

白菜菔　同胡菜菔、胡荽炒芝麻宜熟油、盐、醋，或击碎以酱油。

清代书籍中关于使用酱油的记载更多，在各类文本中均可见到关于酱油应用的记录。顾仲《养小录》是研究清代浙江地区饮食的一部颇具影响的著作，其中使用酱油的食谱便有二十余份。书中还介绍了多种酱及酱油的制法，有甜酱、仙酱方、一料酱方、豆酱油、秘传造酱油方、急就酱、芝麻酱等十余种。下面便列举一则酱油拌菜之法，以感受清代浙江风味：

麻油加花椒，熬一二滚收贮。用时取一盌，入酱油、醋、白糖，调和得宜，拌食绝妙。凡白菜、豆芽、甛菜、水芹，俱须滚汤焯过，冷水漂过，搏干入拌，脆而可口，配以腐衣、木耳、笋丝更妙。

不难想象，如此做法下，菜肴必然口感清爽。这一调味方式也被传承了下来，时至今日，浙江菜仍注重调味料的使用和搭配，运用酱油、糖、醋等调味品，使菜品口感丰富而平衡。

《醒园录》是清代进士李化楠所撰的一部饮食专著，香港导演午马曾以《醒园录》为基础，在撰著者的家乡罗江县拍摄了电影《天下第一宴》，引起了媒体的广泛关注。书中的菜式以江浙菜为主，对各种调味料的应用恰到好处。关于酱油使用的记载也有多处，在此书的下卷中还有多则酱菜制法。李化楠根据自身实践完成此书，且本人厨艺较高，故而依据此书所载之法，今日仍能烹饪出相当美味的饭菜，可操作性强。如酒炖肉法，在食材的处理方法、烹饪熟度、火候、操作细节等方面的记载十分详细，调料的先后顺序也相当讲究。

下附菜单与读者可亲自体验：酒炖肉法。

新鲜肉一斤，刮洗干净，入水煮滚一二次即取出，刀改成大方块。先以酒同水燉有七八分熟，加酱油一杯，花椒、料、葱、姜、桂皮一小片，不可盖锅，俟其将熟，盖锅以闷之，总以煨火为主。或先用油、姜煮滚，下肉煮之，令皮略赤，然后用酒燉之，加酱油、椒、葱、香蕈之类。又，或将肉切成块，先用甜酱擦过，才下油烹之。

红烧肉是中国传统菜肴的代表作之一，也是袁枚《随园食单》常做的家常菜，有“红煨肉三法”之说。所谓三法，是以所使用的酱类作为区分：有用甜酱的，也有用酱油的，有的干脆酱油、甜酱都不用。

一般给红烧肉上色有两种方法，即炒糖色和酱油上色。炒糖色会产生美拉德反应，对红烧肉的色与香有极大帮助，如果对糖的量、火候掌握得当，则肉的色泽红润，看起来晶莹剔透，且带有一种特殊的香味，吃起来更香，所以今天家常红烧肉应用炒糖色的比较多。

与炒糖色相比，用酱油上色出锅的红烧肉无论是色泽还是味道上都差一些，但袁枚强调不可炒糖色，而以酱油调味，在笔者看来其家中厨师水平还差些火候。不过酱油上色也有酱油上色的好处。炒糖色极其考验烹饪技术，如果炒的时间不够，往往上色效果不够理想且缺乏香味，但如果炒的太久肉会发苦。以酱油上色与炒糖色相比，对烹饪技术要求较低，只要

袁枚“红煨肉三法”

控制好酱油用量即可，操作起来也相当简单，因此做出来红烧肉的品质比较稳定。

下附菜单与读者，可亲自体验：酒墩（同“炖”）肉法。

新鲜肉一斤，刮洗干净，入水煮滚一二次即取出，刀改成大方块。先以酒同水墩有七八分熟，加酱油一杯，花椒、料、葱姜、桂皮一小片，不可盖锅。俟其将熟，盖锅以闷之，总以煨火为主。或先用油姜煮滚，下肉煮之，令皮略赤，然后用酒墩之，加酱油、椒、葱、香蕈之类。又，或将肉切成块，先用甜酱擦过，才下油烹之。

从应用酱油上色这一点来看，袁枚在饮食上并不追求极致的口感，而是取中庸之道，以求饭菜口味稳定，此外还可以避免烹饪失误所造成的浪费，以此来看，至少对生活并不富裕的普通百姓来说，酱油在烹饪上是有极大帮助的。

我国各菜系对酱油的“依赖”

随着历史的发展，酱油的使用范围扩大，使用方法越来越丰富，使用频率增加。同样的人们对食物和调料的认识是在不断发展的，现如今，酱油的使用已覆盖了每一个菜系，川鲁淮粤四大菜系对酱油的使用更是相当普遍。

（一）复制酱油

近些年，川菜因其独特的麻辣味道和丰富的调味在全国范围内大受欢迎，在这之中，酱油的作用不容忽视。麻辣虾、香

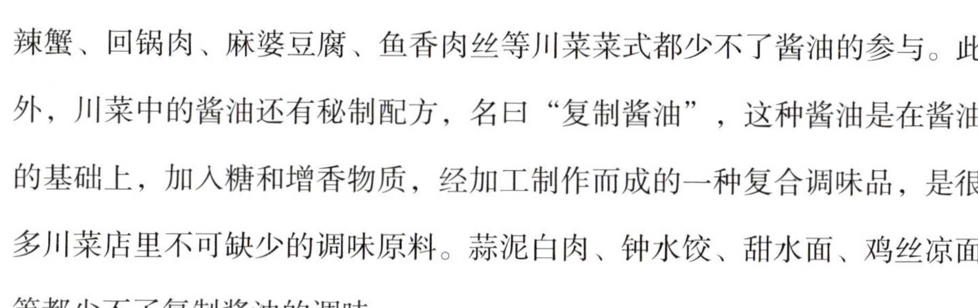

辣蟹、回锅肉、麻婆豆腐、鱼香肉丝等川菜菜式都少不了酱油的参与。此外，川菜中的酱油还有秘制配方，名曰“复制酱油”，这种酱油是在酱油的基础上，加入糖和增香物质，经加工制作而成的一种复合调味品，是很多川菜店里不可缺少的调味原料。蒜泥白肉、钟水饺、甜水面、鸡丝凉面等都少不了复制酱油的调味。

（二）白汤酱油

无独有偶，调味清淡的淮扬菜也有其独家秘方，名曰“白汤酱油”。这种酱油是苏北淮安地区的特产，因当地人称老抽为“红汤酱油”，相对地，就称这种色淡的酱油为“白汤酱油”。其颜色比生抽还淡，故而在凉拌菜中比较常用；其味道比老抽要甜，在烧菜时被广泛使用。软兜长鱼、开阳蒲菜等国宴名菜便是以白汤酱油调味。

（三）“抽”酱油

粤菜与酱油之间更是有着不解之缘，与酱油的亲和度也是相当之高。广府人把酱油分类为生抽酱油、老抽酱油两个种类，并细化为“生抽王”“特生”“一生”“二生”等，比国家的酱油分级标准制早了数十年之多。广东地区的家庭烹饪中必备三瓶酱油：老抽上色、生抽调味、头抽腌肉，广东的酱油更是随着豉油鸡、煲仔饭、肠粉等经典粤菜火遍大江南北。

（四）鲜咸酱油

鲁菜也与酱油有着密切联系。鲁菜是历史最悠久、技法最丰富、最见功力的菜系，早在贾思勰的《齐民要术》中便有相关记载，因此鲁菜对酱油的使用相当成熟，酱油的鲜咸恰好迎合山东人的重口味需求，鲁菜注重烹饪技巧的特点也使酱油在鲁菜中被广泛运用，酱油的比例、挂汁、酱爆等都是鲁菜的精髓。千年的饮食发展过程中，因文化差异与物产分布，鲁菜形成了济南、胶东、孔府三大风味流派，但如果要找出不同流派之间的共性，那必然是酱油。爆炒腰花、德州扒鸡、糖醋鲤鱼、黄焖鸡、四喜丸子等经典鲁菜都少不了酱油的参与，胶东地区的海鲜蘸料多以酱油为主，济南把子肉、胶东四大拌、油焖大虾等菜肴中甚至只放酱油不放盐。过年包饺子时使用的萝卜猪肉馅，在炒制时也以酱油调味。

今天流行的各类食谱中关于酱油的使用方法更多，不只传统菜肴，各种新创菜品也与酱油关系密切。尤其是在生活节奏快速的今天，市场上还出现了以酱油为基础，且按照配方比例调配好了的复合调味料，如白灼汁、凉拌汁、捞汁、卤水汁等，消费者只需将想要的调味料加入菜肴之中，轻轻松松变大厨。对比古今食谱，不由感叹饮食文化的发展规律就是如此——后人在前人研究的基础上继承、创新，循环往复，不断向前推进。

第二节 风俗民情的万花筒

明清时期，酱油已成为平民大众生活的必需品，故而与酱油相关的记载比比皆是。作为与民生相关的重要调味品，“酱油”大量出现于各类食谱，由于使用的普及，文献记载中也少不了一些与民俗风情相关的事情。

“酱油豆腐干”的故事

《清稗（bài）类钞》是民国时期徐珂创作的清代掌故遗闻的汇编，书中记载了不少下层社会、民俗风情之事，关于酱油使用的记载也相当之多。其中有一则故事，名字便是“酱油豆腐干”，乍一看好似一食谱，读至最后才发现是一则趣事。

有为淮南业者之孔康，设肆于苏州山塘，所沽（gū）菽乳至佳，俗呼菽乳为豆腐，加以酱油而干之，曰酱油豆腐干。康有女曰阿媛，黑而媚，陈仲勤见而好之，方思求为偶。逾月，介友通殷勤，则已嫁包氏子矣。乃悒（yì）悒而作《黄莺儿》词以志之曰：爱你素中珍，紫棠容，白玉身，温柔细腻端方正。馨香可人，闻味动心。清茶美酒常相敬。但只恨相逢布袋，包住了卿卿。

故事前半部分是对女子阿媛家庭情况的介绍，按照一般的叙事习惯，对人物家庭情况和职业部分的介绍往往不做展开，如以“家中以作酱油豆腐干为业”带过。为何文中对酱油豆腐干的介绍如此详细，好似在做美食推荐一般，想必阿媛家中所做酱油豆腐干在其周边地区广受欢迎，所以在介绍他家时自然带入“酱油豆腐干”的元素。用今天的话说，就是对她家有一种刻板印象，以至于忽略其他的家庭情况。故事中陈仲勤或许是在买酱油豆腐干时遇到阿媛，对阿媛一见钟情。但一个月后想要追求阿媛时，发现阿媛已经被许配给了别人，只能作词一首表达爱慕之情。故事告诫我们，在遇到自己喜欢的人时，切忌犹豫不决，一定要先下手为强，否则便只能“遥知别后西楼上，应凭栏干独自愁”了。

曾国藩家书中的“酱油”

不仅是民间琐事，大人物的家训书信中也有酱油出现。曾国藩被一些人誉为千古第一完人，格物、致知、诚意、正心、修身、齐家、治国、平天下，立功、立德、立言，堪称读书人的典范。曾国藩不光是自我约束，还严格要求自己的儿女，言传身教，教给他们为人处世、做学问的方法。

曾国藩的家训为后世所追捧，如蒋介石、钱穆等人都将其奉为经典，用以教育自己的子女。由于常年在外为官，曾国藩对子女的教育都是以书信的方式进行的，《曾文正公家训》中有一封给家人的回信，其中写道：

吾家妇女须讲究作小菜，如腐乳、酱油、酱菜、好醋、倒笋之类，常常做些寄与我吃。《内则》言事父母舅姑，以此为重。

若外间买者，则不寄可也。

看来，曾国藩对酱油也是十分喜爱了，在行军途中也不忘让家人做些酱油、酱菜等邮寄给他吃。不过，当时位高权重的曾国藩衣食无忧，为何还让家中妇女做诸如酿造酱油之类的小事呢？想必是思念家人，想以食物的味道体会家的感觉，所以特别强调：要是在外面买的，就不必寄了。

此事背后或许还有两层更深层的思考：

一是意在涵养勤俭家风。曾国藩以勤奋、俭朴、求学、务实为家风家训，勤奋更是曾国藩家训中重点阐述的内容。他常常告诫子侄辈："遭此乱世，虽大富大贵亦靠不住，惟勤俭二字可以持久。"勤劳做事，即便是笨人也能取得成绩；掌握一项生活技能，遇到变故还可作为一项谋生手段。

二是充实自己的生活。常有事情做，人的精神状态会好许多，有充实之感。有正事要做，便会少惹是生非，对一些鸡毛蒜皮的小事也不会很在意，因此家庭也会更加和睦。

如此看来，小小的"作酱油"背后却蕴含着大智慧。

《笑林广记》之"买酱醋"

清代文言笑话集《笑林广记》是集中国古代民间传统笑话之大成者，其中也有与酱油相关的趣味故事，名为"买酱醋"。

祖付孙钱二文买酱油、醋，孙去而复回，问曰："哪个钱买酱油？那个钱买醋？"祖曰："一个钱酱油，一个钱醋。随分买，何消问得？"去

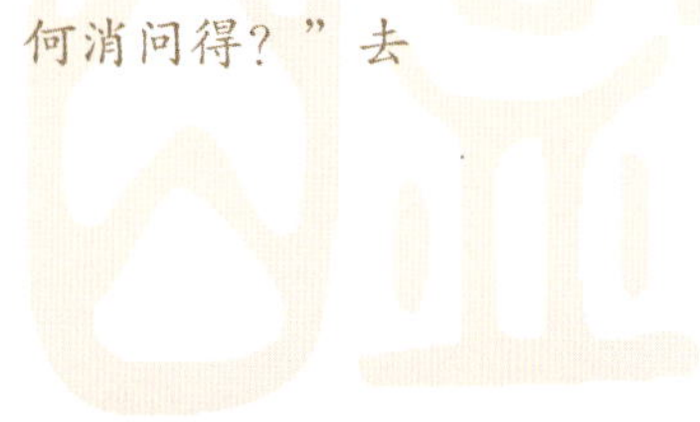

移时，又复转问曰："哪个碗盛酱油？那个碗盛醋？"祖怒其痴呆，责之。适子进门，问以何故，祖告之。子遂自去其帽，揪发乱打。父曰："你敢是疯子？"子曰："我不是疯，你打得我的儿子，我难道打不得你的儿子？"

短短一则笑话中有多处笑点，故事逻辑严谨，不由感叹古人撰写笑话的技巧。两文一样的钱，其功能是相同的，碗作为容器既可以盛酱油也可盛醋，本不该有问题，但文中小孙子由于逻辑性"太强"，非要分个清楚，最终思维陷入混乱。

其实生活中诸如油盐酱醋之类的小事比比皆是，假若每件事情都要搞清楚、弄明白，不仅会给日常生活造成巨大的压力，还会将事情搞混乱。现代社会中，我们在遇到阻碍时，常有一种"生活不易"的感慨。其实调整自己的思维，放松一些对小事的要求，把精神内耗调整到合理区间，生活好像也就没那么累了。

与"酱油"有关的那些事

作为古代唯一的全民共享的娱乐项目，戏曲里也有酱油的参与。

相思害的难移步，叫声丫环与我去请大夫。那大夫，一进门来忙医卜，这病儿倒也有些奇缘故，一回精神，一回糊涂。要病好，多吃酱油少吃醋，要病好，多吃饭来少吃醋。（《白雪遗音》）

如这一条提及：要病快点好，就要多吃酱油少吃醋。语言俏

皮，惹人发笑。

除了与人民生活相关的文献外，明清关于酱油的记载甚至出现在与军事相关的文本中。明末贡生李光壂（jī）亲历李自成大顺军围攻开封城，其撰写的《守汴日志》对当时所发生的事情进行了详细记载，其中记载了一则与酱油相关之事。

由于长期守城，开封城内粮草不足、军心不稳，守城巡抚纵容治下兵将抢夺城中百姓粮食。松弛军纪导致的后果往往是不可估量的，当时没有监控系统，战争期间也无法受理如此官司，因此士兵便像脱缰之马，甚至有一天之内对一户人家搜刮七八次的情况。至八九月之交，则糠秕（bǐ）盐酱油酰（xiān）无不搜矣。

糠秕指谷皮和瘪谷，比喻粗劣而无价值之物，将酱油与之并列，可见酱油在当时不是什么贵重之物。不过从另一个角度来看，酱油在当时应是家家户户的必备调味品。

无独有偶，《崇祯吴县志》的守城故事中也有与酱油相关的记载。在紧张的御敌过程中，守城官员登城楼观望时仍有心思饮酒，甚至半夜差人取酱油，全然不像战争期间该做之事。不过，这一记载也足以见此二人心态之好，以及他们对酱油的喜爱，否则便不会专门记载如此小事。

巡抚都御史周琉、巡按御史孙慎登阊门城楼，酌酒观望。夜半，遣吏缒城而下，取酱油于利济、石佛两寺中。（《崇祯吴县志 卷之十一》）

酱油作为一种调味品，不仅记载于食谱、农书，还广泛存于其他各类书籍，这说明在明清时酱油已充分融入中华文化之中，饮食文化与历史紧密相连，反映了古代中国社会的发展和变革。作为饮食文化的重要元素，通过酱油也可观察到历史发展的一些脉络，通过思考获得新的认知。

第三节 酱油里的烟火气

“一碗氤氲着热气的米饭，放上一小勺软玉般的猪油，撒一些细碎青翠的葱花做点缀，淋一点有滋味的酱油，拌匀开来。猪油被米饭的温热化开，让每一粒饭都闪着诱人的光，酱油恰到好处的咸鲜，米饭的甘甜，幼嫩的葱花，都在猪油的润化中被调和放大。”这是美食家蔡澜在《死前必食》中，对浙江美食猪油拌饭的一段描写，生动形象地描述了酱油对美食的辅助功能。酱油作为重要的调味品，深入我们的一日三餐，更融入日常生活的方方面面。

俗语里的“酱油”

俗语是民间集体创造的、流传性很广的语句，广义的俗语包括在民间口头流传的谚语、歇后语、常用语、惯用语以及方言土语等，是民众的丰富智慧和普遍经验的规律性总结，与酱及酱油相关的俗语也不例外。通过这些通俗有趣的话语，可以全方面了解社会生活。

（一）“没盐没酱”

指说的话就像少了盐、酱的食物一样乏味。

山东自春秋时期起便是重要的产盐区，这也导致了山东地区人的口味普遍偏重，山东人的饮食自然少不了盐和酱油。“没盐没酱”就是山东地区

的一句俗语，说明盐和酱油均是日常生活中不可缺少的调味品。

（二）“灰没火热、酱没盐咸、一拃没有四指近”

指人际关系，远亲不如近亲，近亲又比不上亲骨肉。

灰没火热是因为经火焰燃烧后温度降低了；酱没有盐咸是因为在酿造酱油时稀释了，味道自然也就淡了；一拃不如四指近是因为手伸开后手指之间的距离远了。

在笔者看来，虽然酱油相比盐是淡了些，但相较于盐，酱油的调味效果似乎更好一些——亲密关系也是如此，其实人与人之间靠得太近也不是很好。如放假回家时的前几天，与父母的相处总是很融洽的；但时间一久，便会产生一些小矛盾。不仅与父母，与周边的人都保持合适的距离，是有利于处理人际关系的。

（三）“买醋的钱，不要买酱油”

指专款专用。

该做什么事就做什么事，假若把买醋的钱拿去买酱油，想买醋的时候就没有买醋的钱了。在现实生活中也是如此，把修路的钱拿去架桥，桥固然是修得更精美了，但路却没法走了，这警示我们切不可拆东补西。

（四）“康熙铜钿买米醋，乾隆铜钿打酱油”

指做事呆板，不懂变通。

同样是以钱买物，绍兴这句谚语表达的则是另一个意思。康熙铜钿和乾隆铜钿都是朝廷所铸铜钱，同样可以购买物品，就像今天不同版的人民币一样，功能是一样的，没必要再做区分。以

米醋、酱油这样的小物什附在其后，更突出了对做事呆板、不懂变通的讽刺意味。

（五）“紧提酒，慢提油，不紧不慢打酱油”

这是一则民间常讲的谚语，也是一种投机取巧的做法。

过去用酒提子打酒时快速提起，会给人一种打了很多酒的错觉，实则在快速的动作下许多酒会流下去，故而对卖酒者有利，称为“紧提酒”；而油比酒黏稠，会粘在油提子上，故而放慢动作能让更多的油流下去，也是利于商家的，称为“慢提油”。当时油、酒作为奢侈品，使得逐利的商人想出这种手段，而价格低廉的酱油就不需要商人煞费心思了，打酱油时以正常的速度操作即可。

歇后语也是俗语的一种重要形式，它分为前后两个部分，前半部分像是谜面，后半部分像谜底，故而十分有趣。关于酱油的歇后语也有不少。

“吃咸鱼蘸酱油——多此一举”“咸肉里加酱油——多此一举”。咸鱼、咸肉本就是咸的，再蘸酱油不止是多此一举，过咸了会十分难吃。

“吃点心抹酱油——不是味儿”。点心的甜味与酱油的咸味确实有些冲突，不过此前不久在湖南湘潭出现的酱油冰激凌颇受欢迎，看起来这则歇后语有些不合时宜了。

“酱油碟当盘子端——小手小脚”。我们在使用酱油时作蘸料时，所用的酱油碟很小，是因为一餐所用酱油不多，蘸料又不能回收利用，故而选择底面积小的浅碟，既能避免浪费，又可增加与食物的接触面积。不过正如这则歇后语所讲，拿酱油碟时一只手就可，像端盘子一样两只手端着，反倒不是很方便了。

谐音梗的歇后语作为谜语则更为有趣且难猜。如“喝酱油、耍酒疯——咸的（闲的）”“咸鱼拌酱油——盐（言）重了”“炒咸菜不放酱油——有盐在先（有言在先）”“不放酱油浇猪爪——白提（蹄）”。

俗语本就是十分接地气的话，酱油广泛用于俗语之中，说明酱油与平民大众生活亲和度之高。时至今日，酱油仍然是广受人们欢迎的调味品，想必在未来的俗语中必然会出现更多充满趣味的新时代酱油俗语。

万物皆可酱油，广东人与酱油的不解之缘

2017年年初，一则“广东人吃福建人”的词条冲上微博热搜榜。当时网络上流传着“广东人什么都吃”的说法，原本是对广东人饮食不挑的一种调侃，后来一个福建人在调侃他的广东朋友广东过年红包不过百时，他的广东朋友反调侃道“广东人吃福建人”，这一搞笑的聊天记录迅速火爆网络。不久后，一位在北美的广东移民在其开的中餐厅菜单上列出“Stir-fried Hokkien”的食物被意外发现，这道“炒福建人”菜肴更是验证了此前的说法。由这个词条引发的新梗不计其数。比如，当一个福建人讲话时，网友们常评论道“快跑！广东人来了”。其中有一则调侃也是相当有趣：“唔够味啊？落豉油咯！食肠粉？加豉油咯！福建人？蘸豉油！”广东人吃福建人固然是一句调侃，但广东人对酱油的热爱确是真实存在的。

孔子说“不得其酱，不食”，广东人吃酱油的习惯由来已久，对酱油的热爱更是超乎寻常。广东是酱油酿造大省，海天、致美斋、味事达、厨邦、李锦记等耳熟能详的酱油品牌都来源于广东。可以说，广东人与酱油互相成就。据国家统计局近年公布的数据显示，广东省的酱油年产量约占全国酱油年生产总量的63.3%，而且广东人对酱油消耗量也在全国处于领先地位。北回归线附近的广东属于热带，每年太阳直射两次，是酱油酿制发酵的理想地带，而粤菜以鲜、嫩、爽、滑为标准，也需要酱油的参与。

酱油在广东也称豉油，且豉油的品质也有高下之别。大豆经过漫长时间的发酵后，第一道提炼出来的豉油叫“头抽”，最为香醇浓郁，是广东人钟意的味道；而且“头抽”有“先拔头筹”的意蕴，在讲究吉利的广东人眼里更是珍贵。

众所周知，由于广东移民遍布世界各地，粤菜在世界范围内影响甚大，酱油也成了外国人眼中中华美食的“独家秘方”。酱油在广东饮食界的地位是别的调味品无法比拟的，从早茶到晚餐，广东人的食谱中充斥着酱香味儿。

广东人有吃早茶的习俗，无论是叉烧包还是豉汁凤爪，酱油之味都深深地融入其中，特别是蒸排骨，肉质滑嫩的排骨在酱油的加持下，芳香四溢，令人垂涎欲滴。

煲仔饭是最具有代表性的粤菜之一，一煲正宗的煲仔饭，在刚刚出炉、还冒着腾腾热气之际，掀开煲盖，浇上浓稠的秘制酱油，浇汁时要由外向中心画圈，发出滋滋的声响，以便让每颗米粒均匀地裹上油脂和酱汁，品后回味无穷。酱油是煲仔饭的画龙点睛之笔，因此关于酱油的选用

广东人的早茶

也极其讲究，合格的煲仔饭酱油，既不能淡而无味，也不能盖过米饭的香味和配菜的原味，需要极高的酿造技艺。

肠粉也是粤菜的代表之一，同煲仔饭一样，酱油在肠粉的制作中也是点睛之笔，出名的肠粉店都有自己秘制的豉油配方，各家肠粉的优劣全凭一勺豉油来一较高下，可见酱油对肠粉调味的重要性。

除了传统的粤菜美食外，近几年，一些因网络而兴起的网红菜肴也少不了酱油的参与。2021年，一条名为“一碗隆江猪脚饭，吃出男人的浪漫”抖音短视频带火了隆江猪脚饭，隆江猪脚饭自此打破了广东本地的限制，在全国“遍地开花”。在隆江猪脚饭的制作过程中，酱油同样发挥了重要的作用。在烹饪时，只

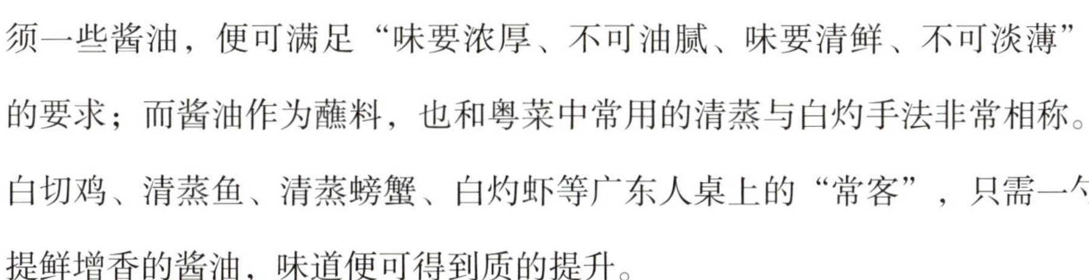

须一些酱油，便可满足“味要浓厚、不可油腻、味要清鲜、不可淡薄”[2]的要求；而酱油作为蘸料，也和粤菜中常用的清蒸与白灼手法非常相称。白切鸡、清蒸鱼、清蒸螃蟹、白灼虾等广东人桌上的“常客”，只需一勺提鲜增香的酱油，味道便可得到质的提升。

说到白切鸡，不得不提到它的“同胞兄弟”豉油鸡。在一些早年的粤语电影中，吃饭的场景里总能找到一只金黄油亮的豉油鸡。豉油鸡是比较出名的广东家常菜，虽然用料、做法简单，味道却特别好，鸡肉特别嫩滑可口，备受大家的喜欢。先用葱、姜、料酒“浸鸡”，而后直接将整鸡泡入由酱油、糖和各色香料制成的卤水当中，保持八十摄氏度左右。鸡肉熟而不柴，渗入卤汁的咸香，鸡皮则挂上了一层焦糖色，尤其在放凉后呈现出一种暗金光泽。相比白切鸡的白皙细嫩，豉油鸡更像一位赛场上的“健美选手”。关于豉油鸡，在广东话里，还有一个比较有意思的讲法“我出鸡，你出酱油”，其中的深层含义便是“我都出了大头，你不要吝啬出小头”。

那些“非比寻常”的酱油

酱油作为调料在各大菜系都大放异彩，但一般以液体调料的形式出现，在广东，酱油还可被做成固体状，这种固体酱油便是豉油膏。

豉油膏是“云浮四宝”之一，云浮生产豉油膏已有一百多年历史。它起源于托洞、镇安一带的山区，曾经云浮人为躲避战乱而研制出的固体酱

2　（清）袁枚：《随园食单》，中国纺织出版社，2006，第15页。

油，既携带方便，又经济实用，还含有丰富的营养，特别适用于制作豉油鸡、猪、鸡、鸭、鹅、羊肉、牛腩、豆腐、蒸鱼、排骨等菜肴。豉油膏加上云浮本地农家自养土猪肉，就是云浮的经典名菜“豉油膏土猪腩”。豉油膏特有的咸香与土猪腩堪称绝配，咬上一口，土猪腩的油脂与豉油膏的香味在唇齿间迸发，齿颊留香，久久不绝。

固体酱油虽使人眼前一亮，但与水果蘸酱油的吃法相比，似是有些“小巫见大巫”了。这里的酱油是专门蘸水果的酱油，味道偏淡、偏甜、偏香。“荔枝上市，广东人将酱油吃到销量全国第一！”一般情况下，人们很难将酱油与荔枝联想在一起，但在潮汕，这却不是什么稀奇之事，有荔枝蘸酱油的吃法。据说，将荔枝先放冷藏再拿出来蘸酱油吃，第一口或许没尝出什么特别，第二口就有那味儿了——酱油的咸味中和了荔枝的甜腻，有股酸酸甜甜的分子料理味道。除了荔枝，芒果、香蕉、牛油果、西瓜、菠萝、草莓等水果，在潮汕都有蘸酱油吃的习惯，网友更是直呼“若是给他们一碟酱油，他们可以蘸遍整个水果界”。这种水果蘸酱油的吃法，哪怕是广东其他地区的居民也要直呼内行。

2023年夏天，海天味业利用其自家王牌产品——有机酱油和草菇老抽，推出酱油冰激凌。鲜甜冰鲜的口感，倒也真的是“一口降温，两口上头”。

作为酱油酿造大省，如今的广东十分重视对酱油这项非物质文化遗产的保护。除了修建酱园博物馆等实体展馆外，地方政府还推出“打酱油文化节”等线下活动。在对原始酱油生产工艺的保护上政府也十分重视，如粤北酱油酿造技艺，承袭原始的广式高盐稀态手工酱油酿造方法，已传承一百多年的历史。该酿造法虽然耗时较长，但原料利用率高，成品香气更浓郁、味道更醇厚丰富。对生产工艺的保护不仅有利于酱油的追根溯源，也促进了中国酱油文化的传承与发展。

第四节 中国酱油的世界征途

有关酱油的起源，像其他的发酵食品一样，可回溯到数千年以前。酱油现已为西方国家所熟知，并作为一种中国起源的商品而受到欢迎。唐宋之际，中国航海技术迅速发展，与周边国家的交流日益频繁，酱油也随之传往朝鲜、日本、东南亚等国家和地区，并成为东亚和东南亚饮食文化中不可或缺的元素。大航海时代后，东西交通更为便利，文化、贸易交流大量增加，酱油则由中华文化圈进一步向外扩散。时至今日，酱油已经成为一种国际化调味品，在世界各地的超市中几乎都可以看到酱油的身影。

日本酱油：源于中国，和食之魂

（一）起源：源于中国，融于和食

日本的饮食文化注重食材原味，尽力保留食物的本真。因此，在日本饮食中，调味品扮演着重要角色，酱油、味噌和味醂是其三大基础调味料。其中，酱油由中国传入，经过了“日本化”的过程，已成为日本饮食中不可或缺的一部分。

日本有句俗语叫“和食始于酱油、终于酱油”，也就是说在吃日本料理时，从始至终都离不开酱油。“一滴入魂”的说法也

体现了日本人对酱油的推崇，以至于极度注重细节品质、口感挑剔的日本人，愿意把酱油誉为“厨师的右手”。更有甚者，将酱油称作“日本人的第二生命”“日本人的第二血液”。这些说法固然有些夸张的成分，却真实地反映出酱油对于日本饮食的重要意义。可以说，酱油特有的味道深深打动了日本人的味蕾，给予了日本人细腻的味觉体验。一种调味品能在一国的饮食文化中占据如此重要的地位，必然经过了漫长的调适发展过程。

关于日本酱油在日本何时以何种方式起源，时至今日尚无定论，很多日本专家只承认酱是由中国传入日本的，而酱油则是日本人的发明。我们或许可以从“酱油”一词入手分析中日酱油的发明之争。“酱油”一词在日本正式出现在《易林本节用集》（1521年）中，该书约成书于中国明代中期。而国内学术界公认“酱油”一词早在中国宋代《山家清供》中就出现了，比《易林本节用集》还要早上数百年。室町时代（1392—1602年）末期《身自镜·大草家料理书》中也多次提到酱油在菜肴中的使用，例如“在料理中与薄垂、酱汁一起还使用酱油。”[3]不过书中并未提及酱油的制法和品质，只是秘传口授。[4]而元末明初的倪瓒《云林堂饮食制度集》和明初韩奕《易牙遗意》中就有了对酱油制作方法的明确记载。

日本人称豆酱、面酱为“味噌”，音读“みそ”，称豆酱油为“酱油”，音读为“しょうゆ”。这种称呼很像福建闽南话，人们称面酱为“蜜细”近似（みそ），称酱油为“豉油”“秋油”“蜀油”，近似音读（しょうゆ）。通过读音可发现，在日本，酱油的读音和酱之间没有相承

3 胡嘉鹏：《关于酱油生产技术的文献史料（下）》，《中国调味品》2004年第9期。
4 周长海等：《日本酱油种类及其酿造工艺特点》，《中国酿造》2011年第3期。

关系，而中国的酱和酱油却是一脉相承，所以日本的“酱油”一词只能源自中国，酱油也有较大概率是由中国传入日本的。[5]

不论是从词语的发音，还是从“酱油”二字出现的时间及酱油制法的记载上分析，中国才是酱油的发明地，日本的酱油是由中国传入的。

（二）发展：政治操作下的商品之路

在室町时代，关西是当时的文化中心，人口众多，同时也是日本酱油制造的中心，关西风味的“溜酱油”在日本酱油市场中占压倒优势，特别是其中播州和泉州的酱油需求量和消耗量都很大。在江户时代（1603—1868年），随着江户（现东京）人口的增加，江户逐渐成为日本第一大都会，诞生了日本关东风味的浓口酱油。江户风格的文化影响很广，这使得关东的浓口酱油需求量逐年上升，酱油批量生产。

按照日本农林规格（JAS）中的分类，日本酱油分为浓口酱油、淡口酱油、溜酱油、二次酿造酱油以及白酱油5种。其中，关西风味的溜酱油是酱油之本，是日本最早的酱油种类，有浓厚的香味，提鲜作用最好，因此，溜酱油多作为刺身酱油使用。关东风味的浓口酱油是日本最为常见的酱油种类，占日本酱油总产量的80%以上，盐味、鲜味、甜味、酸味和苦味恰到好处地融合在一起，是最平常的万能调味料。不过，江户初期的酱油仍是小

5 洪光柱：《中国食品科技史》，中国轻工业出版社，2019，第321页。

作坊生产，以自给自足为主。那时的日本酱油总产量不高，单价高，酱油市场尚在起步阶段。

1868年，日本发生了一场历史性的变革——明治维新，这场变革使日本迅速崛起为一个强大的帝国主义国家。在经济上，日本实行了“殖产兴业”的经济政策，极大地推动了日本的工业化，为酱油工业的发展提供了极为有利的环境，日本酱油工业迎来大发展的新时期。

明治4年（1871年），日本政府实行废藩置县，这对酱油企业的发展影响有极大的影响。以纪州的汤浅酱油和播州的龟野酱油为例，在废藩置县政策实行前，这两种酱油的产地处于藩主的极端保护下，生产和销售的背后都有政治力量的推动和保障。因此，汤浅酱油和龟野酱油在它们当地都是一家独大，甚至依靠政治力量远销关东市场，在这种没有竞争性市场的经商环境中，这两酱油厂脱离市场，内生腐败，发展畸形。明治维新时期，市场摆脱了藩主保护，企业需要在市场中自由竞争，这两大产地理所当然地受到了新要素的洗礼，企业面临危机。不过，龟野企业有横山省三氏得力人物出现，监督指导，苦心的经营龟野，克服难局，重现繁荣。自由市场发展起来后，虽然传统酱油生产受到了极大冲击被迫整改，但是新兴的酱油企业也有了大发展的空间。以小豆岛酱油企业为代表，当地受惠于有利酿造酱油的气候特点，又利用船只可从最短距离供应市场，因而迅速地进入关西市场。

日本政府还在纳税上为企业发展提供了有利条件。德川中期以后，政府对酱油企业进行征税，但只能向所管辖地区要税。明治政府在明治2年（1869年）12月，由民政部向全国颁布了酱油企业征税制度和附加税，每

年每100石征税缴金五两，附加税金三两。不过在酱油成为人民生活必需品以后，政府于明治8年（1875年）2月决定废止向酱油征税。此后酱油税因战备需要时有时无，但总体来说，不征税的时候更多，这就为酱油企业快速完成原始积累、将资金投入再生产和技术研发上提供了有利的政策条件，日本酱油业在这一时期完成了发展上的飞跃。直至大正15年（1926年），政府对税制进行调整，彻底免征酱油税。[6]

伴随着发展环境的日益便利，日本酱油业也逐步出现了一些新的近代经济因素，即建立企业联合会共同应对挑战。明治14年（1881年）2月，日本成立了拥有资本10万日元的东京酱油会社（会社即公司），该会社不致力于生产，而着眼于从生产者直接供应零售商店，排除中间剥削，进而改革批发制度。

（三）飞跃：工业化与机械化

推动日本酱油业发展的关键是酱油酿造行业的工业化和机械化。1880—1885年，日本政府整顿货币、稳定通货，为大规模地引进外国技术设备，促进民间投资，集中力量发展经济创造了有利条件。1880年后，明治政府低价向私人转让官营模范工厂，私人创办和经营近代企业的高潮涌现，产业革命进入了新阶段。

日本酱油的产业升级也得益于战争时期的特殊状况。由于酱油是生活必需品，战争状态中的日本，将保证酱油生产提到极高

6　洪光柱：《中国食品科技史》，中国轻工业出版社，2019，第321页。

的高度，日本在第二次世界大战时期甚至将保障酱油供给纳入国策，将制酒厂纷纷改为酱油厂。第一次世界大战时期是日本酱油生产的黄金时代，在当时全国有一万二千个酱油工厂。[7]在中日甲午战争之前，酱油企业完全依赖人力，未脱离家庭手工业范畴。甲午战争和日俄战争之后，紧跟着日本产业革命的浪潮，酱油产业也逐渐向工业化、机械化方面过渡。野田酱油企业于明治35年（1902年），最早在酱油工业中使用汽缸动力系统，在压榨和其他方面的设备操作等也着手机械化。

机器的使用大大节约了人力资源，例如，一些较大的日本酱油厂多采用圆盘制曲机制曲，一次处理原料量大，控制温度、湿度稳定，且人不直接接触曲料，有效保证卫生和曲的质量稳定性。[8]

日本酱油业注重行业统一技术标准，不断精进生产技术和理论。大正15年（1926年）全国酱油酿造协会联合会成立，申请在酿造试验所中设立酱油部门的试验机构和今后在各厂都采用专门技师，制定了行业统一规范，稳定了日本酱油品质。在技术持续发展方面，东京设有酿造试验所，从事酱油、清酒和酒精生产的研究。地方也设有试验所，指导酱油和酒的生产。特别是在大型酿造厂内，均设有规模可观、仪器及设备健全的科研机构，可谓人才济济。

日本酱油的现代化更在于技术的领先。

其一，日本通过培养高效菌种和利用科学方法大幅度提升发酵效率。梁其姿认为日本人在米上培养米曲霉（Aspergillus oryzae），米曲霉是酿

7 金莹：《日本酱油的故事》，《书城》2020年第12期。
8 宋俊梅、鞠洪荣：《新编大豆食品加工技术》，山东大学出版社，2002，第133页。

造食品的核心菌株，拥有优异的发酵性能。该菌株具有很高的稳定性，缩短了发酵时间，同时降低了过程风险。日本著名的酱油企业龟甲万正是因为手握独有的专利曲菌，使酱油鲜甜美味，在1939年成为了日本皇室的指定酱油。

日本人从室町时代就开始培育米曲霉，方法是焚烧京都的一种山茶花树叶，将所得的草木灰覆盖在煮熟的大米上，经过几日的发酵，米曲霉就会生长出来。一个孢子只有6/1000毫米，一周的时间就能就能长满直径10厘米的培养皿。米曲霉是最适合发酵酱油的霉菌，在霉菌的形成过程中，日本的气候条件发挥了很大的作用。在4月日本的京都，白天气温超过20摄氏度，米曲霉在合适的温度下工作效率极高，霉菌茁壮成长，迅速分解大豆，快速将大豆转化为糖分和氨基酸。夜晚温度降到10摄氏度以下时，米曲霉会因寒冷而停止生长，暂停工作，以保持酱油的风味。[9]

其二，是采用加热杀菌消毒法。传统酿造方法有较高的食品安全风险。而日本酱油大多数品种经过加热处理，加热的目的是杀菌和让酶失活，还可以增加色泽，除去悬浮物，提高酱油澄清度。[10]

加热一般采用蒸汽加热法，使酱油的温度为65—70摄氏度，加热时间30分钟。在这种条件下，有害菌如产膜酵母、大肠杆菌等可以被有效杀灭，延长酱油贮藏期，还可以起到终止酶活性的

9　王静：《见微知著 趣说日本文化》，中国旅游出版社，2020，第39~40页。
10　余晓斌：《发酵食品工艺学》，中国轻工业出版社，2022，第41~42页。

作用，避免氨基酸等有效成分被转化而降低酱油质量。发酵后的生酱油经过加热后其成分有所变化，使酱油的味道更加醇厚，风味得到改善，香气成分含量也会有所增加，这种香气称为“火香”。[11]

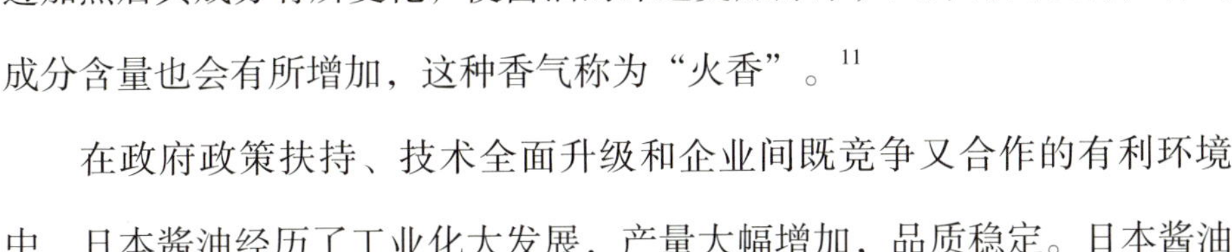

在政府政策扶持、技术全面升级和企业间既竞争又合作的有利环境中，日本酱油经历了工业化大发展，产量大幅增加，品质稳定。日本酱油在此时已渗透到中国和全球市场，在中日“酱油之争”中占据优势，梁其姿认为其在国内售价甚至低于中国自制酱油。

（四）文化：独特的爱酱文化

日本酱油文化在其发展过程中逐渐形成了自己的风格，与中国酱油文化有着不少差异，具有十分鲜明的日本特色。

第一，日本酱油的分类更为细致。中国酱油一般按照生产工艺的不同进行分类，可分为高盐固态发酵、低盐液态发酵。而日本酱油的分类则更为多样，比较常见的有六种，其丰富的种类与地域有着紧密联系，更为细致的分类也有利于消费者根据自己口味的不同进行选择。

1.浓口酱油。原材料主要是大豆，小麦的比例很低，颜色深，呈红褐色，含盐量低一些。起源很早，在江户时代（1603—1868年）就已经出现，因此也是日本最常见的酱油，在关东地区非常普遍，且在日本全国各地都有制造。适用于绝大多数日式料理。

2.淡口酱油。盐分比较高，但颜色浅、味道淡，故称淡口，适用于各种汤和炖菜，在京都等日本关西地区很受欢迎。

11　余晓斌：《发酵食品工艺学》，中国轻工业出版社，2022，第41~42页。

3.白酱油。之所以叫白酱油，或许与它的颜色有关，其颜色为米黄色，很淡，味道也不是很浓郁，由于其颜色较浅，在不适合上色的菜肴中应用较多，也适用于煲仔饭、汤、蒸鸡蛋。

4.甜口酱油。常见于九州和北陆地区，这种酱油甜味较重，不同地区的甜口酱油甜度不同，以适应口味上的差异，适用于烤饭团、白身鱼的刺身。

5.再酿造酱油，其名来自于它独特的酿造工艺。日本的酱油工艺中，也需要加入盐水，如果加的不是盐水而是酱油，做出来的二次发酵酱油就是再酿造酱油，也称甘露酱油，由于发酵时间长，使用原料多，因此颜色深、味道浓郁，适合搭配寿司和刺身。

6.溜酱油。这是日本最早的酱油。其实就是味噌（豆酱）的渗出液，“溜”的意思不是中文的“溜”，而是积存、积蓄。这种酱油颜色最深、味道最浓，用法类似中国的老抽，适合烧鱼烧菜时上色。[12]

第二，日本对酱油的使用以蘸料为主。

在中华饮食文化中，酱油一般以烹饪调料的形式出现。而日本酱油就像我们吃火锅时自配的调料一样，多数是以蘸料的形式出现，烧煮等使用方式也存在，不过所占比例较少。这是因为日本酱油的含盐量较低、口感偏淡，作为蘸料使用恰到好处。另外，日本酱油是高盐稀态工艺发酵酿造而成，处于密闭空间制

12　周长海、徐文斌、贾友刚等：《日本酱油种类及其酿造工艺特点》，《中国酿造》2011年第3期。

造，卫生相对有保障，作为蘸料直接食用也更为放心。

对日本人来说，许多美食都可以以酱油为蘸料，以最常见的饺子为例，中国人吃饺子一般以醋为蘸料，有时会加上些蒜泥，很少使用酱油；而在日本的饺子蘸酱油却是很普遍的吃法。此外，还有一些比较特殊的吃法，如酱油浇饭，即直接将酱油浇到米饭上。对于日本人来说，只要有酱油，就可以下饭，这种简朴的吃法非常省钱。据说，大文豪森鸥外和妻子分居期间就经常这样吃。这种吃法看似有些奇特，不过并非日本独创，在我国一些地区也有相似吃法，虽做法简单，但对于喜欢酱油味道的人来说定然是一场味觉盛宴。

第三，酱油一词在日语中具有明显的褒义特征。

在日本的偶像文化中，男“爱豆”常被分为醋系、盐系、糖系、番茄酱系、酱油系等。其中的“酱油系男子”是一种范本式长相，我们熟悉的明星木村拓哉、锦户亮等都是公认的酱油系美男，充满“大和之韵”的日本男性也常常被冠以“酱油系男子”的称号，[13]可见“酱油系男子”是日本社会比较认可的一种相貌，以国内人们对男性长相的描述来类比的话，那就是传统观念中额头方宽、眉毛略翘的“国字脸”了。或许因为颜值太高，酱油系男子常常给人一种距离感，这与日本民众与酱油之间的密切联系却是形成了强烈反差。

目前，日本的酱油年人均消费量在10千克左右，约为中国人均消费量的两倍。众所周知，酱油在中餐中有着重要的地位，许多菜品的烹调都有

13　金莹：《日本酱油的故事》，《书城》2020年第12期。

酱油的参与，但与日式料理相比，覆盖面则显得没那么广泛了。据统计，几乎所有的日式料理的烹调都离不开酱油，酱油遍及日本人的各式各样的饮食中。

韩国特色：泡菜大酱才是真爱

2020年，韩国外贸行业受到巨大冲击，引发了韩国新一轮“泡菜危机”，广大网友也因此对韩国泡菜文化有了新的认知。在韩国的餐饮店，随便点些食物便可获得四盘泡菜，哪怕只点一份炸酱面，也会给你上齐四小盘，足见泡菜在韩国饮食文化中的重要性。

韩国泡菜的主要原料为大白菜。据统计，其国内超九成以上的白菜进口于中国，外贸行业受到冲击自然引发了韩国民众抢购泡菜、大白菜的风潮，一棵白菜甚至售出了人民币六十二元的高价。说起泡菜，我们常常会联想到韩国，但泡菜的起源地实际上在中国。在韩国泡菜的制作过程中，鱼露（鱼酱油）发挥了巨大作用。与泡菜一样，鱼酱油也同样起源于中国。

韩国关于酱油的最早文献记载是公元683年的《三国史记》。关于韩国酱油的起源，韩国国内学界有两种看法：一为朝鲜半岛本土说，其主要依据是韩国农村振兴厅发表的一篇研究报告，该篇研究认为朝鲜半岛是大豆的原产地。二为中国传入说。世界公认大豆起源于中国，中国制酱在周代就已非常普遍，而中国与朝鲜半岛的交流在商周易代时就已开始，周武王灭商之后，帝辛的叔父箕子在朝鲜半岛建立殷氏箕子王朝，故而韩国酱油起

源于中国应该是无可争议的。

韩国酱油文化深受周边国家的影响，尤其是中国与日本。中日甲午战争前，朝鲜半岛上的政权多为中国的藩属国，与中原王朝的交流十分密切，故而其酱油文化受中国影响较深。近代日本崛起后，曾多次侵略朝鲜，日朝之间的交流也日益频繁，加之日本现代酱油生产工艺的快速发展，使得韩国酱油文化也深受日本影响。此外，韩国本土文化的影响也不可忽视，在多重因素的影响下，韩国酱油文化的发展有其自己的特点。现如今韩国民众常用的酱油有三种——汤用酱油、浓酱油、酿造酱油。

汤用酱油是100%使用大豆制作而成的传统酱油，过去也被称作朝鲜酱油，盐分含量很高，颜色较浅，有时也代替盐使用，适用于颜色较浅的料理和拌凉菜。

浓酱油是受日本影响改良过的酱油，过去也被称作日本酱油。此前浓酱油是指经过长时间发酵的传统酱油，但现在名称被广泛使用，甚至成为了酱油品牌。比起汤用酱油，盐分较少，有甜味，颜色深。味道不会随着加热而改变，所以常被用于需要加热的寿司、炖菜、炒菜、酱蟹等。

酿造酱油是经过微生物的长时间自然发酵而成的酿造酱油，味道浓醇，香味独特，颜色和浓酱油相似，适用于不加热的食物，可以保持酱油原有的味道，也可炒杂菜、做酱料、配生鱼片。[14]

与中日不同，韩国人对酱油并不做过细的区分，这或许是因为酱油的应用并不广泛，与酱油相比，他们更喜欢使用大酱。这种可以视作酱油半

---

14 张学莲：《韩国饮食文化研究》，浙江工商大学出版社，2022，第225页。

成品的东西，是用磨细的大豆泥，经不彻底的发酵后，连渣带汁一起使用。大酱由于发酵深度不够，常常有难闻的气味，为了避免腐败，只能加入更多的盐来防腐。

我国也经历过使用大酱的阶段，不过那是汉代以前的事情，汉代以后随着生产工艺的进步，大酱在饮食中逐渐边缘化。韩国现如今依然坚持这种吃法，或是思想上的守旧，也可能是出于情怀，但不论如何，酱油在韩国的发展远远不及中日等国家。

东南亚本土化：打不过就加入

不同于日本酱油的快速发展，也不似韩国对待酱油的守旧态度，东南亚酱油因地域不同展现出不同特色。在东南亚地区，酱油的传入与华人华侨有着密切的联系。据《汉书·地理志》载，早在公元初期，中国海商就已前往东南亚。

东南亚是中国海外移民最主要目的地。中国人大规模移民东南亚始于17世纪，盛于20世纪上半叶，历经三波移民高潮。[15]移民自然而然地将中国的饮食习惯带入东南亚地区，而酱油作为重要的调味品，在这一过程中逐渐融入东南亚各国的饮食文化中。在与各区域不同文化的碰撞中，酱油的使用与酿造呈现出多元化发展趋势。

15 庄国土：《论中国人移民东南亚的四次大潮》，《南洋问题研究》，2008年第1期。

（一）印度尼西亚

印度尼西亚是东南亚面积最大、人口最多的国家，亦是东南亚文化最具代表性的国家之一。印尼菜肴种类众多，口感独特，与其他东南亚菜相比口味较重。辣椒酱和甜酱油在印尼菜中的烹饪中使用较多，是印尼的国民调料。

甜酱油有麦芽糖的味道，比生抽要浓稠一些，这是因为甜酱油里加了棕榈糖，而棕榈树便是东南亚本地的树，在中国并无种植，这倒是纯粹的酱油东南亚本土化了。

印尼酱油中以ABC甜酱油最为出名，它是由棕榈糖浆、盐和大豆酱油混合而成，可用于烧烤、炒菜等用途，在东南亚和澳洲广受欢迎。它略带一些甜味儿，颜色也恰到好处，省去了调色的步骤，只要把控好用量，即便厨艺不精，也能做出美味可口的饭菜。

（二）马来西亚

马来西亚经常被认为是与中国最为相似的东南亚国家，其饮食文化自是少不了中餐的影响。与传统中餐相比，马来西亚的中国料理带有些糊味儿，这与马来西亚的黑酱油有着密切联系。

黑酱油在传统酱油的基础上加入了糖蜜、糖乌（焦糖色素），显得更浓稠。黑酱油的含钠量不高，含糖量却不低。采用中式大火爆炒时加入黑酱油，会产生一种特别的焦香，并给菜肴添加较深的颜色，有点像中式烹饪的炒糖色，口味咸中带微甜。

金莲记黑酱油炒福建面在马来西亚广受欢迎，亦是到马来西亚旅游的中国游客必去的美食店。央视华人世界的“一味一故事”就做过“马来西亚：用炭火和黑酱油炒出的地道福建面”报道，这一食物虽看起来十分朴实，吃起来却是甘香软滑。这道美食的秘诀在于要用炭火，这样才能炒出浓香以及微焦的味道；除此之外，秘制的黑酱油也是烹饪必不可少的调料，为炒面注入了灵魂。

黑酱油炒福建面

关于“福建面”名字的由来也有着有趣的故事。该店的创始人王金莲是福建安溪人，从福建南下马来西亚后，为了谋生便自制家乡的粗面进行售卖，起初只是做汤面，后来根据顾客的要求改做炒面，福建面的意思便是福建人炒的面。这绝对是中国与东南亚饮食文化的一次完美结合。华人迁徙对世界饮食文化的创新做出了巨大贡献，其实黑酱油也是如此，这种浓稠且带些糊味儿的调料与发源自广东的老抽酱油有着不少相似之处。

（三）泰国

泰国酱油的发展与华人华侨也有着密切联系，著名的泰国酱油大王邓文福，其祖籍便在广东省开平县。作为世界第四大调味料出口国，酱油在泰国也相当受欢迎。泰国出口的酱油以鱼露

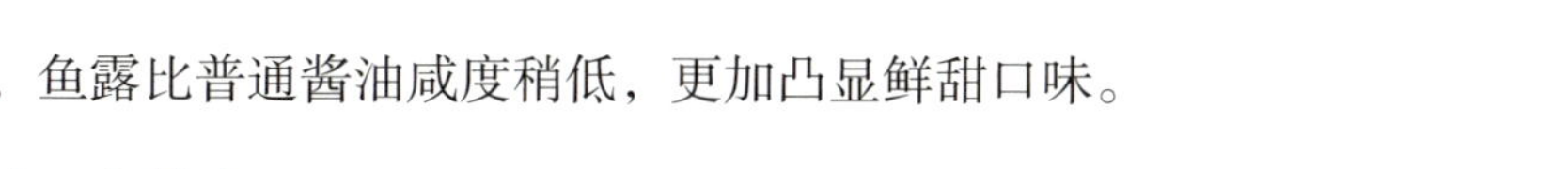

（鱼酱油）为主，而鱼露在泰餐中也十分重要，相当于传统酱油在中国的地位，鱼露比普通酱油咸度稍低，更加凸显鲜甜口味。

（四）越南

与泰国人民一样，越南人民也对鱼露情有独钟。越南拥有绵长的海岸线，海洋资源丰富，盛产各类新鲜鱼虾，有着生产鱼露的天然优势。越南人会在捕鱼的旺季，将新鲜的鱼去除鱼鳞和内脏，清洗干净后装入一个个像腌制泡菜的大木桶内。[16]每铺一层鱼便撒一层盐巴，并在木桶下方放置一根小管接入另一个空桶中，用于鱼露原汁的导出。作为越南最常见的一种调味佐料，无论是路边摊还是餐厅，都有鱼露的身影，鱼露被誉为越南饮食中的国粹，与越南奥黛（越南国服）一样被视为越南的形象之一。从酱油在本国文化中的地位来看，越南倒是超过日本了。

欧美风潮：与中餐并驾齐驱的酱油文化

酱油在西方国家的传播与发展与亚洲相比呈现出新的特点。在我们的印象中，西方菜肴中几乎没有用酱油来调味上色的菜品。当下酱油在欧美国家的使用确实不多，当然这并不是因为西餐厨师认为酱油不好，或许与他们对酱油的认知太少有关。

作为酱油重要的原材料，大豆直至1740年才传入欧洲，1765年才传至美国，大部分欧美人对大豆的认知还停留在简单的直接食用上，导致西方人对酱油这一以大豆为主要原料的调味品了解也不多。

---

16 张苑、刘丹丽：《浅谈越南饮食文化之鱼露》，《现代妇女（下旬）》2014年第5期。

虽然酱油在西餐中的使用受到巨大阻力，但酱油在西方世界并非完全没有发展。最先品尝到酱油美味的欧洲人是航行至亚洲的探险家，随着欧亚之间的贸易越来越频繁，酱油酿造工艺传入欧洲，欧洲人对酱油也慢慢熟悉起来。欧洲早期的酱油在烹饪上的实践并没有很详细的记录，由于远洋运输成本较高，可以想象作为舶来品的酱油在欧洲应该是以一种奢侈品在售卖的。至18世纪中叶，一部分使用酱油的欧洲家庭开始学着自己酿造酱油以减少生活开销。

当时荷兰东印度公司与日本贸易的官员伊萨克·蒂进在其一篇短文中将酱油描述为“美味之盐”，[17]这种称呼说明当时西方人对酱油的了解确实不深，以至于没有专门的词汇来指代。不过从“美味之盐”这个称呼来看，欧洲人在刚接触酱油时，对酱油有着很好的印象。

近些年来中餐在西方各国很受欢迎，越来越多的西方普通民众开始接触中国美食。虽然酱油没有融入西餐，但酱油早已随着中华饮食文化在世界的传播，进入西方人的日常生活中了。

17　董少新编《感同身受——中西文化交流下的感官与感觉》，复旦大学出版社，2018，第281页

第六章

广式酱油，中国酱油正宗味道的坚守

中国酱油企业早已走向世界，这应归功于中国是酱油最大的生产国、消费国与出口国，更在于中国酱油物美价廉。早在1919年，伊丽莎白·豪利·格罗夫（Elizabeth Howry Groff）就说“广东省出产的酱油闻名全国”，而“位于广州西南50英里的三水铁路沿线”的佛山“以出产优质酱油而闻名……那里的工厂比广州的大得多，生产的酱油质量上乘”。

目前中国颇负盛名的酱油企业有海天、李锦记、厨邦、味事达、加加等，但论及中国酱油的在国内外的市场占有率与知名度，还得看“广式酱油”。“广式酱油”又以佛山海天酱油独占鳌头。在英国的中国超市最常见的调味品便是海天酱油，作为酱油业的龙头企业，其影响力可见一斑。海天酱油作为“广式酱油”的代表，其取得的成就归功于两个方面，一方面是对古代酿晒技术与数千年中华酱油文化的传承和创新，另一方面则是现代技术的创新研发与管理模式的数智化转型。

第一节 佛山酱园的故事与历史底蕴

为了满足对酱、对酱油的日常生活需要，先民们常自制酱、酱油，尤其是前者。不过，“土法”产品质量不高，更需耗费大量的人力和时间成本。于是，伴随着专业化生产、规模化制造，酱园（或称酱坊）便应运而生，它们可以提供质量更高、供应更持续的酱油，产业集聚效应也降低了成本。

茂隆酱园：源于明代万历年间的佛山第一家酱园

广式酱油的代表——佛山酱油业最早诞生于何时？通过文献找寻关于佛山古酱园的蛛丝马迹，乾隆《佛山忠义乡志·卷二》（《官典志》）中便是所见最早关于佛山酱园的记载。

佛山七埠共销盐四千包。酱坊、面坊、咸鱼栏共销盐二千包。引尾水面榄盐共销盐一千八百包。

酱坊用盐量在酱坊、面坊、咸鱼栏中为最，或许可以独占“酱坊、面坊、咸鱼栏共销盐二千包”中的一半，即一千包左右，由此可以大致推算出佛山酱园在乾隆初年便已颇具规模，而这肯定是已经经过一段时间发展的，因此清代乾隆时期远不是佛山酱油之始。追根溯源，如果以酱类制品作为佛山酱油之始，则可推算到明代。从客观条件、民间传说、口述史三

佛山第一家酱园——茂隆酱园

个方面均可加以佐证：

（一）佛山优越的社会环境，它具有先于天下成就酱坊的客观条件

虽然梁其姿认为“酱油在13—16世纪还只是少数人可以享用的食物，商品化程度也不高”，但佛山作为“中国四大名镇”“天下四大聚”“东南一大咽喉”，种种头衔加身，它是传统社会时期全国知名的市镇，四方辐辏，具备更早生产与消费酱油的客观条件。

明清时期，随着岭南区域经济的全面开发、手工业城镇和商业港市的兴起、对外贸易的发展、上游河道的改变和水运体系的

建立，以广州、佛山为中心逐渐形成一个地跨两广、河海相连的，分别以佛山、广州为内、外销贸易中心的岭南市场体系地域经济。[1]

佛山开镇，不知始自何时，地据省会上游，扼西、北两江之冲。川、广、云、贵各省货物，皆先到佛山，然后转输西北各省，故商务为天下最。（《佛山忠义乡志》）

景泰年间佛山便已是“民庐栉比，屋瓦鳞次，凡三千余家”，成为“四远商贩恒辐臻”的市镇。（《佛山真武祖庙灵应记》）

至乾隆年间“人稠地广，烟火十万余家。凡仕宦之所往来，商贾之所出入，货贝舟航之所聚集，俱于是乎汇”。（《重修佛山经堂碑记》）

清末“商贾丛集、阛阓殷厚，冲天招牌，较京师尤大，万家灯火，百货充盈，省垣不及也”（《清稗类钞》）

得益于佛山得天独厚的自然环境与经济条件，宋代佛山因镇成市，据乾隆十八年（1753）《佛山忠义乡志》记载：“佛山成聚，肇于汴宋。”明清时期，佛山成为交通枢纽与经济中心。商品内销多先集散于佛山，再溯北江而上，经由骑田岭、大庾岭走湘、赣路线销往国内各地。佛山作为明清广东贸易中心，能够广泛获得国内外的原料、商品与技术，思想与文化在这里交集融合。

此外，佛山是明代中后期因铁器制造业繁荣而发展起来的手工业城镇。全部90个行会，以铁器制造业行会最多，达32个，另有金属制造业行会9个，几乎占据了半壁江山；32个手工业会馆中，和铁制品有关的9个，

1　罗一星：《论广佛周期与岭南的城市化》，《中国社会经济史研究》2009年第3期。

和金属有关的4个。[2]均可见佛山铁器制造业之发达，这也说明佛山比其他城市有更早诞生酱园的条件，毕竟酱园需要生产酱的容器，即“酱围”，而酱围确实是佛山铸造业的主要产品。

（二）豆豉巷及豆豉巷码头的史料佐证

佛山古酱园不仅在人口、商业条件占据有利地位，原材料上亦是颇具优势。如黄飞鸿曾经卖艺的佛山豆豉巷（今禅城区升平路），便是得名于“豆豉”，即发酵豆制品的调味料。清初，佛山的工商业和手工业已非常繁荣，作坊遍布大街小巷，以行业命名的街巷数不胜数，如豆豉巷、筷子街、牙刷街等，著名的《豆豉巷码头碑记》写于乾隆四年（1739年），乾隆时人龙廷槐的《敬学轩文集·卷二》出现了“豆行”，这正是中国大豆市场的形成与整合时期，而大豆是酱油最主要的原料。

以豆豉巷作为切入点，通过《豆豉巷码头碑记》内容可知，豆豉巷码头始建于康熙二十八年（1689年），继修于康熙五十八年（1719年），又一次重修于乾隆四年（1739年），当时捐资的行店达98家。

上述材料也可以证实佛山古酱园于清代康熙年间前就已经存在，因为豆豉也是酱园的重要产品之一。如论及豆豉巷的起源，则可追溯到明代——关于这条佛山商业繁荣之地，至今仍然流传着“豆豉巷客栈闹鬼，才子巧对熄阴魂”的故事。

---

2 （韩）朴基水：《清代佛山镇的城市发展和手工业、商业行会》，《中国社会历史评论》2005年第2期。

伦文叙（1467—1513年），字伯畴，号迂冈，南海县黎涌人（今为佛山澜石镇黎涌村）。幼年家境贫寒。弘治二年（1489年），以儒士赴省应试，为巡按御史赏识，选入太学肄业。弘治十二年己未连中会试第一、殿试第一，考中状元，后授翰林院修撰。正德元年，命赴安南充正使。正德五年，起复翰林院原职，任经筵讲官。正德八年秋，出任应天试主考官，归途中病，卒。

相传当年伦文叙在上京参加考试时，在豆豉巷的悦米客栈住了一间无人敢住的"鬼屋"，半夜发现一个影子在窗外喃喃自语："移椅倚桐同玩月。"伦文叙对道："点灯登阁各观书。"影子消失了，成为美谈。[3]

这则材料当然仅是民间传说，但它说明了豆豉巷在明代弘治年间便已存在。如此，便可推断早在明代，豆豉在佛山已经具有一定地位，生产酱、酱油等大豆制品的酱园已经存在。

（三）酱园后人口述及《余氏宗谱》记载印证——早在明代万历年间就有了余氏茂隆酱园

佛山余家系佛山酱料行业的祖师爷，开创的余奇新、余同和、余茂隆酱园（后改称"茂隆酱园"）均为佛山老字号。根据佛山《余氏宗谱》记载，为了躲避战乱，余家先祖从北方辗转来到佛山，先是落脚在佛山现塔坡附近，后在沙塘一带关帝庙附近居住。余家甫来到佛山，最先从事的是酿酒这一高利润产业，后来佛山的酱园、酱坊便脱胎于此，一脉相承。佛山酿酒酿醋业历史悠久，根据霍韬提及关于家族酿酒酿醋的定量规定，

3　佛山市禅城区祖庙街道文体服务中心编：《佛山古镇历史辉煌与寻迹》，广州出版社，2015，第343页。

茂隆老酱园在《国华报》刊登广告

明代时期佛山就已有酿酒酿醋的工艺[4]，且佛山现存成化十七年（1481年）《石湾太原霍氏族谱》中已有“酿酒之法”的记载。之后他们在高基街开店，经营饼业与酱料业，后以酱料业为主。

据余家后人余婉韶老师讲述，余家先祖把北方的酿制发酵工艺带到佛山，就地取材使用石湾生产的小缸进行酿晒。他们发现经昼伏夜露和阳光晾晒发酵的酱油，比在北方纯粹用闷罐的发酵方式更节省时间，豉香味浓，咸香适宜。当北方的酿晒技艺与南方得天独厚的自然环境相结合，南北交融，便是诞生了佛山引以为豪的阳光酿晒工艺。地处珠三角腹地的佛山，北回归线横贯东

4　佛山历史文化丛书编委会编《石头霍氏研究佛山》，广东人民出版社，2021，第82页。

西，气候温暖、阳光充沛，亚热带湿热的天气为佛山发展调味产业提供了先天条件。

民国时期，茂隆酱园酒庄在《国华报》刊登了一则广告，“本园创造于民纪元前三百三十余年”，这也证实，佛山最早的酱园——茂隆酱园诞生于1582年前后，即明代万历年间。

百花齐放：清代至民国的佛山酱园盛景

除茂隆酱园，清代以来陆续开业的佛山酱园还有应利（后改名为海天）、余同和、余奇新、余德昌、浩源、永隆、同茂、和益、垣益等十余家，分布在正埠、公正街、升平街、三元市、普君墟、上沙等地，均号称佛山老字号酱园。这些作坊品种丰富，咸、甜、酸、辣一应俱全，阳光暴晒、发酵酿造。（《佛山轻工业志》）这些酱园最兴旺时有近百位工人，产出除满足本地之外，还行销西江、北江一带，甚至远销南洋。

在近代化生产、经营之前，这类酱园普遍规模较小、多而分散，而且是旧式的“前店后坊”类模式——生产功能与销售职能合二为一。这种酱园多是家族经营、人员无多、抗风险能力差，但也小巧灵活。

佛山酱园，除了制作酱料外，往往也兼营其他业务，与今天大型的集团公司异曲同工。他们多从事酿酒业，毕竟同属酿造业，有一定相通之处。以“茂隆酱园”为例，原在筷子路东侧有一间颇有特色的旧式店铺，临街骑楼上可见“茂隆老酒庄”五个大字，便是佛山酿酒业的早期酿酒作坊，“茂隆老酒”至今仍被不少老佛山人津津乐道，可见当时的酱园有兼营酿酒的，而酿酒业户也有兼营酱料的。

晚清至民初时期，县内著名酒庄有九江的良乡友隆兴酒庄，佛山的茂隆、仁和悦，石湾的陈太吉等，以良乡双蒸酒最驰名，行销省内外及港澳、南洋历百年。[5]

民国初期，佛山市手工业蓬勃发展，又刺激了酱园业的经营，比较有名的酱园除了清代的老字号外，还有广兴隆、协和园、五行、诚昌、福记、和香、金隆、汇隆、常春园、西栈、垣和、顺馨、正豫官。20世纪20年代初，佛山市经济发展进入鼎盛时期，酱园杂货店遍布全市。直至1938年，新开张了新栈、东昌醋房、诚隆、万兴、安记昌、升元、普元、品栈、祥和、广隆、品新、天珍、元甲等。店铺分布在鹰沙、文昌沙、上沙、普君墟、大基尾、低街、三元市、筷子市、早市等地。同一时期，最有名的“茂隆酱园”也到广州第十八甫开设分店。广州的很多一流商店也打出佛山酱油的招牌，尽管大部分酱油都是广州当地人生产的。可见以“茂隆酱园”为代表的佛山酱油，在大都会广州的市场竞争力、品牌影响力与产品品质等方面实力的突出。

佛山酱园发展至鼎盛时期超40家，这些酱园一般设有储藏室、煮豆棚、工人宿舍和霉菌室。这些建筑通常围绕着地块的四面，中间有一个大庭院，用于晒酱油，庭院中同时存放着几百甚至上千个缸，每个缸配有一个尖顶竹笠，可以在晚上和下雨时保护酱油。

5　南海市地方志编纂委员会：《南海县志》，中华书局，2000，第640页。

民国时期的酱园依然是典型的师傅带徒弟的模式，其中师傅即老板，掌握祖传核心技术——“制法”，徒弟作为技术助理相对工资不高。不过“制法”确实颇有讲究，如暴晒的时间、添加不同原料的时间等，都需要师傅的经验、技术把握，如此“酱料方能适口”，衡量的标准是色、香、味、形，这些都是由老师傅判断，这也是老字号酱园的核心竞争力。今天的海天酱油之所以美名远扬，也是得益于传承了数百年的“制法”，从众多酱油品牌中脱颖而出。

海天酱园最早称应利酱园，于清代光绪年间在大沥开业，创始人许子应。当时，海天酱园生产规模颇大，有一千余缸的生产设备。该园注重产品质量，特制一些高档产品，很受顾客青睐，同时十分注意广告宣传，曾在当时的电影院用幻灯片做广告，并设计产品商标“飞樽商标”，于街担的箱子上贴有商标广告，在当时是很有特色的。

1947年，海天酱园迁到永安路。此处即是茂隆酱园旧址，又是后来佛山市酱料凉果同业公会的地址，是佛山的核心区。当时的永安路多是售卖海味、牛烛、酱料的商贩，热闹非凡。

酱料行：用盐、黄豆、米面、瓜果等，以蒸泡、腌晒、发烤诸法，制成豉油（即酱油）、酱、醋及各种酱菜售诸内地四乡，每店中必有一二人谙熟制法，酱料方能适口，故制酱师实居一店中最重要之位置，然月薪亦不过数元云。（《佛山忠义乡志》）

酱园的操作比较原始，采用缸、锅、盆等用具，效率不高，此法一直延续到1961年。售卖酱油多用瓦罐、瓦盅等，总体还是以销定产，限制了再生产与规模的扩大。

民国时期，“飞樽牌”酱油的广告宣传

酱料使用的原料，如黄豆、面粉、盐、糖、桔水等，大部分从广州或本市进货。黄豆以东北产黄豆最佳（牛庄出口），汉口产次之；面粉有进口洋面，国产面粉如兵船牌次之。盐有海盐、岩盐等；桔水多来自东莞、番禺糖厂；各种瓜果则按季节于市内及四乡产地选购。

新会县的调盛酱园，是在光绪二十年开办的，创办人是曾超曾球父子及其堂兄弟曾沃等人，曾家原籍是佛山南海四眼桥曾家村人，他们侦得和盛祥的生意大有前途，因此合伙集资二千两白银来会城在泸湾街开设调盛酱园。

出生于佛山的佛山精武体育会会长梁敦远（1882—1943）也

曾在广西开办酱园。

这说明在当时佛山酱料调制技术之先进，已经可以做到“技术输出”，又反映了佛山酱园业竞争激烈，曾氏、梁氏等人转而开辟佛山外市场。

起伏跌宕：苦撑的佛山酱园

1925—1937年，是佛山酱园业的鼎盛时期，40余家酱园遍布全市，共有职工200余人，各家酱园生产的产品中以豉油王和柱侯酱最负盛名。

柱侯酱相传为嘉庆年间佛山祖庙附近三元市三品楼酒家厨师梁柱侯发明，当时客籍人士齐聚佛山，到酒楼聚餐喜食味道浓郁的菜肴。为满足顾客需要，在酱料不足的前提下，梁柱侯别出心裁，用面粉发酵，加糖类、麻油制成一种新的酱料，作肉类涂色与调味之用，味美可口，颇受顾客青睐，营业额大增。[6]

柱侯酱初时只作店内调味用，由于顾客喜爱，有些顾客便自带容器请店相让，起初没人买少许，后来买者日众，至日产50公斤仍未满足要求，三品楼临近祖庙，游客众多，很快名传省内外，于是产品便销向南海、广州、澳门、香港等地。[7]

1935—1937年间，豉油王年出口量达1500公斤，柱侯酱达1500盅，这在资本主义的经济危机的影响下已堪称奇迹。当时洋货贬价倾销，四乡谷贱伤农，人民购买力弱，酱园业已经属于少有的繁荣产业。但这也随着全

6　徐东海编《南海瑰宝 佛山》，工人出版社，1984，第39页。
7　佛山市商业局编《佛山市商业志》，广东科技出版社，1990，第334页。

面抗战的爆发而化为泡影，日军占领佛山期间，百业萧条，特别侵略者破坏农业、封锁交通、管控粮食经营，酱园从40多家锐减为10余家[8]。这些酱园也是苟延残喘、勉强维持，几无出口。

1944年南海县酱料凉果业同业公会成立，会址设在福禄路161号，是佛山酱料业最早的公会组织。1947年又建佛山镇酱料凉果同业公会，驻地升平路广园，负责人为庞栋。虽然成立时间晚于铸造业、陶瓷业等公会，但也说明当时的佛山酱园已经颇有实力与规模。

抗日战争胜利后，酱园又有一定的发展，恢复到20余家。1945—1949年间，豉油王年出口量500公斤，柱侯酱200盅。[9]

1947年，雷晴远接手茂隆酱园，与人合伙，雷晴又善于经营，茂隆酱园遂又重整旗鼓，销量当时为全行业之冠。1947年有产品出口香港，产品使用“十字牌”商标，并用玻璃瓶包装。但是好景不长，由于美国物资倾销、国民政府的苛捐杂税、滥发纸币致使通货膨胀，茂隆等酱园的发展止步不前。

8　本书编委会主编《广东省志·商业志》，广东人民出版社，2002，第726页。
9　佛山市地方志编纂委员会编《佛山市志（上册）》，广东人民出版社，1994，第1062页。

第二节 海天味业：酱油酿造现代化之路的集大成者

1949年以来，虽然较长一段时间内酱油酿造的工艺并没有大的变革，但是由于生产关系的改变，解放了生产力，佛山酱园快速恢复并超越近代最高点。以茂隆酱园为首的25家佛山古酱园相继合并组建为公私合营的海天酱油厂后组建为公私合营的海天酱油厂后，社会主义集中办大事的优越性得到充分发挥，工艺不断革新、效率不断上升、服务不断改进、出口不断增加、效益不断提高。改革开放后，海天味业更是突飞猛进，传承茂隆酱园、海天酱园的古法酿晒工艺，成为中国最大的专业调味品生产企业，实现了由小到大、由分散到集中、由区域到全国、由传统的家庭手工作坊向现代生产智造。

公私合营的浪潮，席卷佛山酱园

新中国成立初期，佛山酱园恢复较快，生产有序进行。手工业产值占了全市工业总产值的46.6%，手工业户数占了全市工商业总户数的86.2%。

据1952年手工业调查统计，全市私营工业中，10人以上的有390户，从业6868人；10人以下的有2024户，从业6640人，但个体私有的生产关系和经营思想、经营方式，也存在许多矛盾，妨碍着生产力的发展。[10]

1950年2月，佛山市酱料凉果同业公会成立，会址在永安路25号，后编为佛山市工商联合会第十四联。在佛山市工商联合会的支持下，酱园得到了恢复和发展。

1952年，佛山酱园发展至33家，工人177人，当年酱油总产量为526吨，比1949年前夕产量增加了63%，产值达44万元。

1953年，佛山以建立生产合作社为形式进行手工业社会主义改造，首先以木器盆桶行业作试点。到1955年，佛山全市建立了18个手工业生产合作社和49个生产合作组，与此同时开展社会主义工商业改造，先抓一间针织厂为试点，接着在铸造机件、瑕米、土布、丝织、陶瓷等五个主要行业中组织公私合营。

1955年，佛山公私合营改革进入高潮，以茂隆为代表的25家古酱园相继合并。为体现对传统酿造工艺的传承，命名海天酱油厂，海代表水和盐，天代表阳光。至此佛山酱料行业公私合营完成，在行政系统上归属市工业管理局（原人民委员会工业科）管理。

海天酱油厂是当代海天味业的雏形，这家可追溯到明代万历十年（1582年）的中华老字号企业，开启了属于她的腾飞之路。

合营初期的海天酱油厂固定资产5万余元，占地面积11360平

10 刘凉：《五十年代中期佛山的手工业和资本主义工商业社会主义改造》，《广东工运》1996年第11期。

方米。整合之后实力雄厚，当年就成功研制王牌产品，即生抽王酱油，产品销售地区除了本市、附近四乡，广宁、怀集、封开、郁南、珠海、广西省部分地区均有覆盖。

海天酱油厂仍沿用传统的陶制发烤器皿以及铁镬、竹匾、瓦缸、瓦盆、木桶之类简单工具进行生产，大小晒场13个，都是用手工业式工具进行生产，厂房方面一般都是简单厂房；马达四部共48.5匹马力，由于厂房分散，原料不足，设备利用率都很低，特别是机器设备，最高的只利用50%左右，有些每天只开机一两个小时，甚至没有用武之地。由于缺乏科学技术经验，一直以来都是使用落后的生产工具和技术生产，1956年技术工人14名仅1名有一定的科学知识，只能摸索和试制代用原料，很少做分解酱油。

1958年末，海天酱油厂购进电机、柴油机、水泵、机动石磨以及锅炉等动力设备，开展技术改革。这些简易设备，实现了盐水、酱油输送的管道化，减轻了工人的繁重劳动，使酱油工人第一次告别了世代相传的木桶、铁钩、木壳、担挑和肩搭五件身不离的劳动工具。1958年，以水泥池内通蒸汽煮豆，结束了世代相传的铁镬煮豆焖熟工艺，1961年又改用加压锅加压蒸豆法。在大豆处理上，效率与卫生方面前进一大步，这是新中国成立以来的首次技术革新。

种曲制作阶段，传统工艺是利用微生物自然繁殖发酵，合营后的1957年2月，海天酱油厂采用纯种制曲工艺，建有专门的曲室，提高了种曲质量、缩短了制曲时间。20世纪70年代，又采用通风制曲，即一种利用机械通风装置制造麸曲的操作方法，二次加速了制曲时间。

之前判断酱油产品质量主要依靠老师傅的经验，过于主观，且没有固定的标准，也难以标准化、大规模量产。氨基酸是酱油质量的指标，1958年8月海天酱油厂改进了范氏法，完善了检验酱油氨基酸含量的甲醛法，并制定产品质量标准与操作草案，根据产品质量化验结果统一用料规格与产制时间。

标准制定主要依据下列几个方面：一是征询用户意见，各门市部意见定期收集整理，组织质量访问，向用户访问；二是技工们的经验积累；三是群众的先进操作经验；四是吸取兄弟厂的先进经验，如参加华南工学院（今华南理工大学）的科学讲座，参加市区酱油产业会议交流经验，组织市外参观。

由于海天酱油厂是多家酱园合并而成的，起初仍分散在城区、石湾两地生产，计有1个分厂（有工场1个，门市部3个）、9个工场（生产酱油的有升平路的1场，文昌沙的2场，江滨路的3场，上沙的4场，普君墟的5场），产品由3个批发部和14个门市部销售，人称“1厂9场3批14零”。办公室在升平路15号，组成一个职工人数258人的大型厂，当年酱油产量就有800多吨。1958年8月，办公室迁至文昌沙，并确定在此扩展厂房，正门为文昌沙路16号。1960年2月，各工厂集中文昌沙，结束生产场地分散的局面。

随着人民生活水平的提高，酱油的市场需求量扩大，外销也有一定的发展。根据档案显示1955年广州出口公司已有要货。1955年，海天首次出口香港7吨生抽王，另出口草菇抽1吨，柱侯

酱0.4吨，俗称“9吨起家”。通过历年出口量可以看出，1955年后，海天扛起了酱油出口的大梁。

众所周知，广式酱油的关键环节就是通过阳光晾晒进行发酵，传统发酵器具使用陶制大缸，也称石涌，装料300斤左右，直身陶缸或青缸装料40斤左右，其入料、出油，工作强度大。尤其是出油，要用一根特别的锡管虹吸，既费工又累赘，且每缸只能盛料30公斤，海天酱油厂要用上千只青缸，非常壮观，但极不方便。1961年7月，海天味业的第一座水泥晒池建成，内衬瓷片等防腐材料，开始了以池代缸的发酵酿制酱油的试验，以池代缸的改革，是海天味业对中国酱油生产的一大突出贡献，改变了数千年的以缸、锅、盆等工具的传统暴晒方法，成为国内其他酱油厂的模仿对象。晒池上有玻璃罩，下为贮存池，实现了入料与出油的管道化。

佛山酱油开启现代化的新征程

1962—1964年，受到客观因素的影响，总产量在下降，但出口量仍不断上升。企业依靠“以进养出”的经营办法，即进口大豆、出口酱油，部分地摆脱了国内原料供应奇缺的制约，颇为顺利渡过了难关，在此期间企业内部的技术改革如火如荼，内在素质获得很大的提高。

1967—1978年，企业发展异常缓慢，海天酱油厂的酱油年产量在1.1万—1.4万吨之间徘徊，基本与1960年前后持平。不过在这一时期，生产技术有一定的进步。

1968年4月，开始使用浓缩锅浓缩酱油，取代了世代相传的用月盘、底盘等简单器皿风吹日晒浓缩的方法，提高了酱油入瓶效率。酱油半成品需要加热灭菌，合营初期仍是大铁镬明火加温，每班只能处理胚料1500公斤；1970年2月，自行研制了列管加热器取代了大铁镬明火加温法，每小时可处理酱油胚5000公斤。列管加热法系海天味业的又一首创，很快在全国酱油业中普及。

包装是酱油生产的最后一道工序，合营初期为橡皮管人工入瓶的老办法。1971年9月，我国第一台自主研发的真空注瓶机在海天酱油厂问世。同年10月，第一条酱油自动包装流水线建成并投入使用，实现了洗瓶、杀菌、注瓶的机械化流水作业，海天酱油厂成为国内酱油行业中最早实现包装机械化的工厂。

海天酱油厂日后飞速稳健发展的关键人物庞康先生于1973年加入，开始了他50余年的酱油人生。1976年12月，实施低盐保温酱油发酵工艺，将发酵周期缩短了一半。1977年3月，实施包装前巴氏灭菌法，解决了生抽王成品的二次污染问题。

1981年2月，使用真空吸豆机，彻底革除了人工挑担装豆入锅的繁重劳动。

1982年以后，在原料供应上，海天味业拥有了更高的自主权，过去主要由粮食部门按照牌价供应，此后议价原料的比重增加。此前酱油生产用的主要原料大豆、面粉、纯碱、烧碱、盐酸等，以及包装用的玻璃瓶，都由国家计划供应，类似于“来料加工”。国际市场的业务开拓，也改变了由国家外贸部门掌握的局面，自销部分也逐年增大。

1993年，国家外经贸部批准了海天的自营进出口业务，海天

牌系列产品首次打入美国市场。

1994年底，海天味业把原来单一的国有经济重组为职工个人出资和国家出资的有限责任公司，是佛山市国企改制的首批试点，成为市直国有企业中首家实行这种转制模式的企业。股份制公司的创立，标志着企业随着所有制的变革，向产权明晰、权责分明、政企分离、科学管理的现代化企业迈进。[11]

佛山酱油的王牌产品

佛山的酱油产业从初期数十家酱园合并，产品驳杂，没有统一标准，到逐渐保留拳头产品，集中力量打造个别品种，再到现在的做大做强，全面发展，利用企业优势进军其他领域。可见酱油企业的产品经历了从多到少再到多的过程。

合营之初的海天酱油厂，系25家酱园合并，它们各有特色，均有自己传统产品，所以产品种类繁多，即酱油、面酱、醋类、酒类、油类、澄面、麦芽糖、熟粉、凉果、腐竹、豆腐类、泡打粉等100余种，这些产品多是自产自销。

1959年后，经过几次佛山全市性的归口调整，产品种类的减缩，一些产量较少的品种相继被淘汰是符合市场效益指向的。然而一些比较有名气的品种，如椒酱肉、豉油柚皮等也销声匿迹，殊为可惜。

产品种类数量减缩的另一个重要原因是原料供应不足，1956年原料供

11 《佛山制造》编委会主编《佛山制造》，广东人民出版社，2017，第244页。

应一般只能达到生产能力的50%—60%，特别是1959年开始进入国民经济困难时期。但社会对酱油的需求量增大，加之生产设备落后等因素，不得不减少品种。

自20世纪80年代开始，海天味业逐渐开发了一批新的产品，并拥有了一定的市场占有率，如蚝油、鲜菇豉油皇、喼汁、狗肉煲配料、盐焗鸡配料等，特别是蚝油，后来居上，已成为海天味业年销售额过10亿的单品。

海天牌的生抽王酱油两度荣获国家银质奖，草菇老抽多次获轻工业部优质产品奖。正是因为对酱油生产精益求精，早在改革开放前，就成为海外同行学习的对象，1977年香港酱料同业就专程来参观酱油厂，1979年明尼苏达州商业代表团来参观酱油厂。

在悉尼，只要佛山海天酱油运抵商场，便出现顾客排队购买的景象。（《海外市场报》）

今天，海天味业的主要产品，除酱油（生抽王，即豉油王，今称金标生抽）、草菇老抽、味极鲜外，还生产醋，如陈醋、甜醋、白醋、香醋、苹果醋等，更有传承四千年的酱料类，如招牌拌饭酱、黄豆酱、柱侯酱、海鲜酱、番茄酱、辣椒酱等。除此之外，有蚝油、料酒、鸡精、香油、腐乳、酱腌菜、火锅底料等多种调味料。其中，较为著名的产品有金标生抽、草菇老抽、金标蚝油、黄豆酱和招牌拌饭酱。

金标生抽，以精选的黄豆、面粉为原料，经过蒸煮、制曲、天然暴晒、第二次发酵、科学杀菌等工序精制而成。它的第二

次发酵在室外进行，经过复杂的微生物发酵，以及有机物的一些列生化过程，给醪汁赋于传统的风味，具有华南生抽豉香浓郁、色泽鲜艳红润、味道鲜美和谐、后味特长的特色，被称为“淡酱油”，是餐桌上各种熟食和盘菜的最佳调味品。

根据《佛山日报》1984年8月31日的记录，1983年生抽王出口量突破万吨大关，香港三分之二以上的家庭使用珠江桥牌（内销为海天）生抽王，其销量超过了香港淘大金标生抽和日本万字酱油，在香港的销量居于同类产品的首位。

《澳门日报》在1981年4月4日就以《珠江桥牌生抽王色香味佳获美誉》的醒目标题报道了澳门市民热捧生抽王的情况。出口创汇为同行业全国之冠。

草菇老抽与金标生抽的工艺基本相同，加入蔗糖酱色，浓缩后经30天以上日晒制成，系佛山酱料业的第二大产品。产品色泽较浓、带甜味，被称为“黑酱油”，是中西菜烹调极佳的色、香、味调料。由于北方人喜欢做菜有颜色，所以色泽“红壮乌润而有光泽”的草菇老抽在北方市场更受欢迎。

蚝油，是牡蛎熬制而成的调味料，是广东传统鲜味调料。广东人民很早便开始养殖牡蛎，在近代形成了一定的规模。早期的佛山酱园中蚝油仅是普通产品，后经海天酱油厂的不断创新，成为王牌产品。

招牌拌饭酱是在黄豆酱的基础上，加入了香菇。

柱侯酱是用大豆、面粉作原料，经制曲、晒制后成酱胚，调入芝麻酱、糖、油后，明火煎煮而成，适于烹制鸡、鸭、鱼等肉品，被烹制的肉品被称为“柱侯食品”，其中最有名的便是柱侯鸡。

这些产品传承百年，“佛山酱料制作技艺”2007年入选禅城区非遗项目，随后入选“佛山市市级非物质文化遗产代表性项目名录”，属于传统技艺类第一批。

第三节 拨乱反正：为酱油正身

以海天味业为代表的中国酱油企业的酱油产品生产周期较长，一般为6—12个月，称为酿造酱油或纯酿酱油，然而配制酱油仅需8—10个小时就能制作完成，生产效率高出数十倍。那么我国的酱油企业为何要坚持制作生产周期这样长的酿造酱油呢？爱食用豆浆、豆奶、酱油等以大豆为原料的豆制品的消费者，如果关注配料表就会发现，这些豆制品有些原料是原粒黄豆，有些是脱脂大豆。那对于酱油来说，黄豆和脱脂大豆哪个更安全？我将拨开酱油身上的重重迷雾，解答这些问题。

配制酱油的“消失”

近代以来，在相当长的时间内，酱油不仅包括酿造酱油（Brewing soy sauce），还有配制酱油（Blended soy sauce），又称化学酱油，也称水解酱油或酸水解酱油，民间俗称勾兑酱油。在2003年发布的《酱油卫生标准》（GB2717—2003）中，酱油按生产工艺分为酿造酱油和配制酱油，其中，配制酱油是以酿造酱油为主体，与酸水解植物蛋白调味液、食品添加剂等配制而成的液体调味品。

配制酱油，是指以植物蛋白（脱脂大豆、花生粕、小麦玉米蛋白等食用植物蛋白）为原料，经盐酸水解，碱中和制成的液体鲜味调味料。[12]

配制酱油通过添加植物蛋白水解液来进一步提高产品中氨基酸态氮的含量，从而降低生产成本，生产周期也较短，深受许多小餐馆喜爱，但是用盐酸水解植物蛋白生产氨基酸而工艺不完善时，会污染氯丙醇。以往，许多厂家使用“酸水解法”等化学方法，使植物蛋白在酸的作用下直接分解，不经过发酵就能配制出“酱油”。这种化学酱油在色香味上都与酿造酱油非常类似，但因为没有了复杂的酶解过程，在营养价值上大打折扣。此外，在酸水解蛋白液的过程中，会产生大量对人体有害的“单氯丙二醇”，若厂家听而不闻，很容易就使单氯丙二醇含量超出国内法规规定的限值。

依据国家市场监管总局发布的《关于加强酱油和食醋质量安全监督管理的公告》（2021年第23号）指出：《食品安全国家标准酱油》（GB2717—2018），酱油是以大豆和/或脱脂大豆、小麦和/或小麦粉和/或麦麸为主要原料，经微生物发酵制成的具有特殊色、香、味的液体调味品，酱油生产应当具有完整的发酵酿造工艺，不得使用酸水解植物蛋白调味液等原料配制生产酱油。

2021年6月，国家市场监管总局发布《关于加强酱油和食醋质量安全监督管理的公告》，明确要求酱油生产企业不得再生产销售标示为“配制酱油”的产品，从根本上保证了消费者使用酱

12 迟玉聚等：《酸水解酱油的卫生管理》，《山东食品科技》2000年第5期。

油的安全。

配制酱油在引入我国之初也曾经被视为“明星技术”，到后来被充分认识清楚，再到被部分取缔与全面取缔，走过了较长的生命周期。配置酱油在我国的存在和发展有着长期存在的经济因素，是我国经济困难时期的必然产物，其在市场上“消失”也是居民生活水平与食品安全重视度提高的表现。

食品添加剂是现代食品企业发展的重要基石

添加剂的历史由来已久。6000多年前，即大汶口文化时期，我国先民发现了转化酶（蔗糖酶）用以酿酒；周朝时期，中国人就已经使用肉桂增香；东汉时期，中华先人就开始了使用凝固剂盐卤制作豆腐的传统。据《食经》记载，魏晋时期人们把发酵技术首次运用到馒头的蒸制之中，同时为了解决面的发酵问题，人们使用了添加碱面的技术。从南宋开始，就以“一矾二碱三盐”的食品添加剂配方比例应用于油条的炸制之中，这一技术沿用至今。还有一点需要指出的，那就是亚硝酸盐，其作为食品添加剂在我国宋代就已经开始应用于腊肉生产，其作用是防腐和护色。

食品添加剂在中国古代应用广泛，在国外同样如此。公元前1500年，作为世界四大文明古国之一的古埃及就开始使用食用色素为糖果着色；公元前4世纪，欧洲人就开始为葡萄酒人工着色。

人类社会之所以选择食品添加剂，其目的就是要进一步提高食品的品质，为人们带来更好的视觉、嗅觉和味觉享受，食品添加剂是历史的选择，绝不是“恶毒”的现代化工业产物。

日常生活中常见的食品添加剂有防腐剂、甜味剂、增稠剂等，例如葡萄酒里常见的山梨酸，就是目前最主流的食品用防腐剂，它对霉菌和其他细菌均有抑制作用，能参与机体的正常代谢，是现在国际公认的最好的防腐剂之一。而且我们熟知的维生素c，其实也是一种食品添加剂，它常常被用在火腿肠和其他腌肉制品里，用来抗氧化，延长食物的保质期。

对于酱油产业来说，添加剂在其工业化进程中起到了至关重要的作用。20世纪初，国内酱业者面对的挑战之一是酱油制作工艺被视为落后。报纸也有报道，古酱园的卫生情况值得担心。为了改变这样的状况，科研机构提出了酱油酿造工厂计划，旨在为传统酱油产业的现代化提供参考模式，通过缩短生产周期、提高产量、实现生产过程卫生化和生产步骤标准化等方式，促进酱油产业的工业化和规模化，解决食品安全问题。

我国食品化学工程奠基人之一陈騊声先生叙述自己首次目睹传统酱油制作场景：

酱油工坊在南京的小巷里，充满臭味、飞满蝇虫。茅棚内摆满了大小不一的竹匾，老师傅们赤膊在骄阳下费力地搅动大酱缸，汗水不断滴入缸中。

如今，复古酱油在抖音等电商平台出现，大部分为作坊生产，宣称无添加。假如酱油中真的没有添加任何防腐保鲜剂，也势必要增加盐的用量以替代添加剂，延长保质期，否则夏天的酱油会迅速在工厂里腐败变质。众所周知，摄入过量的盐对身体负

担极其大，会导致心脑血管及肾脏方面的疾病。

相对而言，更高的产能需要更长的市场周期，可以说没有食品添加剂，就没有高度发达的现代食品业。现代很多人谈添加剂色变，与非法添加物离不开关系。

在我国，使用食品添加剂要遵守的首要原则是不应对人体健康产生任何危害，而有害添加物则是不法商家为了掩盖食品腐败变质或达到营养监测指标而添加的，属于严重的违法犯罪行为。我国对食品添加剂的使用和用量进行了明确的标准规定，只要控制在标准范围内，合理合法使用添加剂是安全健康的，没必要“谈添加剂色变”。

不管是国内企业还是国外企业、不管是进口食品还是出口食品，普遍含有添加剂，出口国际市场的产品，由于物流等因素需要更长的市场周期，反而更需要添加剂，但是否在商标中体现出来，则是要根据销售目标国的食品法规标准执行。

为了顺应消费者对健康化酱油产品的需求，调味品企业陆续推出了无添加、有机等健康趋势产品，每个人都可以根据自己的风味偏好各取所需。

黄豆和酱油才是“官配”

虽然市场上有很多酱油产品都是酿造酱油，但也有细微差异，即采用黄豆还是脱脂大豆。到底是黄豆好还是脱脂大豆好，围绕这两者出现了很多的观点，也让普通的人难以分辨。其实，无论是从食品安全还是健康角度而言，黄豆都比脱脂大豆更安全、更健康。

第一，从定义角度，黄豆更加健康安全。

黄豆自不用多说，起源于中国的“五谷”之一，因其蛋白质高、油脂低，智慧的中国先民创造出了丰富的“豆制品”，从霸占日常餐桌的豆浆、豆腐、酱油，到现在健身一族青睐的黄豆蛋白粉，黄豆都是稳坐原材料第一名。而脱脂大豆，又称为“豆粕”，是大豆提取了“大豆油”之后的副产品，现代工业的力量，又让它成为成本更低的替代原材料，最大的用途就是制造酱油。

从定义而言，黄豆属于无加工的天然食品，是天然的农作物；脱脂大豆是经“油豆”浸出提炼的产物，是经过一道加工程序之后的产物。从这个角度看，黄豆显然更加健康安全。

第二，从营养成分角度，黄豆的蛋白质含量远胜脱脂大豆。

榨取了大豆“油脂”之后，对于其剩余的蛋白质等营养物质再次利用，听起来没有毛病还很环保。但是很多人混淆了一个事实，即普通的食用黄豆和用于榨取油脂的豆不是同一种“豆”。用于榨取油脂的是一种“高油脂、低蛋白”的“高油脂豆”，与之相对应的就是日常制作豆浆豆腐的黄豆，又称“蛋白豆”。两种都是大豆，但是营养成分和用途却千差万别。大豆体内的蛋白质和油脂含量是一个此消彼长的负相关关系，油脂含量高，那蛋白含量也就相对会低。榨油用的黄豆要突出的是高油脂含量，自然蛋白质含量一般也就偏低。通常大豆的总油含量减少1%，总蛋白质含量增加2%。

参照《农作物品种审定规范大豆》（NY/T1298-2007）规定的大豆品种分类标准，可以得知高油大豆脂肪含量一般为22%左

右，高蛋白大豆蛋白质含量一般在45%左右。而作为副产品的脱脂大豆，自然蛋白质含量低于常规黄豆，无论是用它来制作豆奶、蛋白粉还是酱油，营养成分及其味道都不及黄豆。

第三，从生产过程角度，黄豆的食用更加安全。

黄豆是豆科大豆，属草本植物，诞生在土壤里，是我国重要的粮食作物之一。我国东北是黄豆的主产区，距今已有五千年栽培历史。

脱脂大豆的生产一般有两种途径——物理压榨和化学浸出。因为物理压榨法较为传统且出油率、油纯度比较低，所以现脱脂大豆80%是化学溶剂提炼油脂之后的产物。所谓化学浸出，就是通过将“油豆”浸泡在化学溶剂中（如石油系溶剂），充分析出大豆油，提取出大豆油后，便剩下了豆粕。相比之下，化学溶剂浸出法成本更低，但其有可能将如沥青等有毒化学物质残留于脱脂大豆中，如果人们食用这种脱脂大豆，存在着一定的食品安全隐患。

第四，从现实应用与使用历史角度，黄豆的应用范围更广，脱脂大豆则是工业化企业一步步压缩成本得到的产物。

目前黄豆广泛用于豆腐、豆芽、豆奶、豆浆等粗加工的高蛋白产品，而且是作为核心原材料。从豆浆粉和豆奶的配料表中，可以看到原料均是黄豆，且蛋白质含量较高，有比较高的营养价值。反观脱脂大豆，目前主要应用在制造酱油中，其风味和安全性也与黄豆酿造的酱油，有一定的差异。

黄豆起源于中国，是最重要的粮食之一，在古代黄豆被称为“菽”。世界各国栽培的大豆都是直接或间接由中国传播出去的。而豆粕则诞生于物资缺乏年代的日本，以酱油品类举例，豆粕酿造酱油工艺最早由日本人于1913年开创。当时，由于日本国内大豆供给不足，进口大豆价格较高，为节约成本，日本酱油制造中大量使用脱脂大豆作为原料。根据杂志2020年5期《食品与生活》中显示，用脱脂大豆发酵制作酱油的主要原因是其发酵效率高，可以降低单位产品的生产成本。因此脱脂大豆的兴盛其实是追逐成本最低化的产物。

"广式酱油"的独特技艺——酿晒

酱油制作采用酿晒技艺，这是古法酱油制作的关键环节之一，但是当今也有很多从事酱油生产的企业并不采用此工艺，尤其是北方酱油企业，由于光照不足，多取消了此项环节，而采用了低盐固态发酵制备酱油。黄豆无法应用于低盐固态发酵，这也是一些企业选择脱脂大豆的原因。

晒露法制备酱油，即高盐稀态发酵方法，主要目的是发酵，增加微生物的活动。经过阳光照射之后，原料中的多糖会部分降解为单糖，还原糖的成分增加，蛋白质转化为氨基酸，部分糖和氨基酸起生化反应，转化为天然色素，酱油色泽增加。由于以海天味业为代表的广东酱油企业均采用酿晒法，故被称为"广式"制法。"广式"制法酱油中氨基酸、肽类等有机成分增加，也形成了酯类等香气成分，既营养又好吃。相比现在一些采用低盐固态发酵制备的酱油，从色、香、味上有很大的优势。当然，低盐固态发酵也有它的优点，恒温密闭发酵，避免了雨水、风沙、扬尘、飞虫等，相对干净卫生，也因为不用酿晒，缩短了生产周

“广式酱油”制法

期，提高了出产效率。

目前，酿晒法面临的卫生问题，已被国内尖端企业逐渐攻克，但生产周期长依然是不可避免的问题。“广式”制法要坚持阳光晒制，但自然天气不可控，而且要考虑到夏天和冬天的区别，为了保证品控、风味一致，就需要研究菌种，这些都对企业的创新能力提出了挑战。

总之，酿晒技艺打造的酱油选用天然大豆作原料、天然制曲、阳光酿晒发酵，制作出来的酱料具有独特的色泽和香气，色泽红壮、光泽亮丽、风味清香。

第四节 坚守与重塑：佛山酱油企业的文化内核

酱油品牌要想提升美誉度、取得强大的号召力，技术传承与创新当然功不可没，但文化的传承与打造同样重要，这是衡量企业软实力的重要指标。酱油文化有两个层次含义，一是工匠精神和古法酱油的核心技艺，这是国人引以为傲的历史与传统，上溯到明代万历年间，遵循时间和自然的规律，绵延数百年的文脉传承与坚守；二是不墨守成规，注重新文化的养成，紧跟时代的变化，关注消费者的新需求，着力打造新文化、铸就新历史，充分发挥国人的历史主动精神。

“抽”的概念首创于佛山

新中国成立之前，酱园是手工业作坊式生产，主要组成部分有发酵房、发横架、晒缸、木桶等，设备简陋、规模不大，其经营方式主要是前店后厂，零售为主、兼营批发，可以送货上门。

20世纪60年代前，酱园普遍采用原始的露天日晒、天然发酵的生产方式，将黄豆浸泡、蒸煮后冷却，混合面粉，经“捞黄”、松黄、出落缸、加盐水至发酵成熟。在酿晒时，不断将

晒制的汁液淋浇在酱醪表面暴晒，在微生物的作用下，酱油逐渐呈红褐色。当完全成熟后，再将酱油抽取出来。第一次抽出的汁液即为头等“抽油”（顶抽），加盐水再晒，抽出的第二次汁液为二等“抽油”，再加盐暴晒，抽出的第三次汁液为三等“抽油”。[13]一般来说，一共可以抽取四次，留在缸里的材料“豉”，也可以作为基料出售。顶抽价值最高，一般直接售卖，其次，抽取的酱油也经常混合后售卖，参见伊丽莎白·豪利·格罗夫记录的不同等级的酱油：

天顶抽油，“最好的精选酱油”。零售价为每斤40美分当地银。用顶抽制成，在抽取后晾晒四个月。

钱入抽油，“每斤酱油14美分”。用顶抽制成，在抽取后晾晒两个月。

九六抽油，“每斤酱油11美分”。由50%的顶抽和50%的二抽制成。

西八抽油，“每斤酱油8美分”。由各25%的顶抽、二抽、三抽和四抽制成。

三六抽油，“每斤酱油6美分”。由50%的盐溶液、50%的三抽和四抽制成，并用桔水上色。

土白油，“上层白油”。这种酱油每斤售价4美分，由50%的盐和水以及50%的四抽制成，并用桔水上色和增加甜味。

八仙生抽，“每斤酱油8美分”。它是由等量的顶抽和二抽制成的，但抽取酱油后不煮也不晒。这种酱油用于煮汤，保存时间不会超过一周。[14]

13　佛山市地名志编纂委员会：《佛山市志　1979—2002》（第4册），方志出版社，2011，第2545页。

14　Elizabeth Howry Groff, “Soy-sauce manufacturing in Kwangtung, China”, The Philippine Journal of Science, 1919: vol.XV, No.3, pp307-316.

抽取时，晒制时间较短酱油的颜色较浅，味道较淡，口味更加鲜美，被叫做生抽。老抽则是在生抽的基础上，再制作2至3个月，用成熟酱醪中的顶抽、二抽或三抽等进行调配、煮制、灭菌，再次投放到陶缸，复晒老化。行家将这个过程称为“晒老”，能使酱油的颜色红壮或乌黑发亮、有光泽，使浓度增加。经再次复晒的酱油，酱油的颜色更深，味道更浓。

传统社会的佛山古酱园，一直采用这种区分方式，这就是“生抽”与“老抽”的由来。“抽”即提取之意，此概念首创于佛山，并逐渐获得更广泛的认同。“生抽”“老抽”被《现代汉语词典》收录，并标注为“〈方〉”，说明这两个词是方言词汇，但如今已融入了全国人民生活了。

现代的佛山酱油企业依然传承生抽与老抽的精髓。源自清代中叶的茂隆豉油皇便是生抽的代表，到今天的海天金标生抽，传承数百年，是历史的最好见证。自新中国成立以来，海天金标生抽一直是全国生产、消费、出口之冠。由海天金标生抽衍生出来的，现代又有零添加金标生抽、有机生抽等升级产品。

海天老抽系海天酱园的王牌产品，早已名满佛山。1956年，在原有海天老抽的基础上，升级改良出海天草菇老抽。今天，海天草菇老抽依然是明星产品，百年来名称不变，名声更胜从前，销量仅次于海天金标生抽。

此外，柱侯酱亦是佛山酱园的著名产品，结合该产品，还诞生了柱侯食品与柱侯文化。1912年以后，柱侯食品已经闻名遐迩。

光绪年间南海人胡子晋《广州竹枝词》曰："佛山风趣即村乡，三品楼头鸽肉香。听说柱侯传秘诀，半缘豉味独甘芳。"歌颂的就是豉味甘香的柱侯乳鸽，是今天的粤菜传统名菜。还产生脍炙人口的顺口溜："三品楼，三品楼，啧啧人人赞柱候；屈鸡、乳鸽、水鱼、山瑞、大蟮、猪头，样样皆一流。"

得心斋的酝扎猪蹄是佛山著名食品。得心斋后人、非遗专家余耀泉回忆说，当年的得心斋所用酱油都是在茂隆酱园进货。民国以后，得心斋的主料、蘸料酱油，都是由海天酱园提供货源。得心斋的酝扎猪蹄与佛山传统技艺酿制的酱油之间的长久结合，具有独特而稳定的风味，可以说是"非遗+非遗"的典型优秀范例。（关宏：《佛山·酱园春秋》，未刊稿）

传统酱园不得不说的习俗

传统酱园时期，佛山酱园业供奉制酱始祖夏泰为祖师。夏泰的故事虽为传说，但作为一种酱园文化值得传颂与铭记，且与佛山酱油民俗息息相关。每年农历八月二十六为祖师诞，惯例此日为"饮行"，同行业集会饮宴；每月逢初一、十五煲粥，初二、十六祃祭，各酱园均设宴犒赏职工。

据传，三百多年前，有乞巧夫妇，男的叫夏泰，女的叫夏氏，他们由外乡流浪到三水西南。俩人行乞街头时，随身有一个破瓦坛子，装乞来的黄豆、米饭。在三伏天的某一日，发现坛中的剩饭表面竟长出一层乳白色的茸毛。他们舍不得把食物倒掉，便将坛子放在阳光下暴晒，希望把食物晒干。没想到坛子里的食物不但没有被晒干，反而淌着一层金黄色的汁水，试着尝了尝，发现其鲜味可口，他俩喜出望外，连忙把坛子里的汁水倒出来，与一起行乞的人分尝，大家都赞味道好。这一发现，让细心聪慧的夏泰意识到：这一美食可以卖钱。于是，他反复将黄豆、米饭发酵、暴晒，从中得出酱汁，因酱汁像是从原料中被抽取出来的，于是他将此汁叫做抽油。[15]

各酱园都有晒场，以特制的陶瓷石桶、青缸、底盆、月盆、盆桶为生产工具。酱园老板大多自己当师傅，掌管技术与经营。大中型酱园一般设制酱师傅一人（老板兼），二手一人（助理技工）、行街一人（推销员）、铺面二三人（售货员）、打杂三四人（送货员）、掌柜一人（收款员）。雇员除了领工钱外，另发给光彩金（理发钱），行街另发鞋金。制酱师傅（老板）掌握酱园的核心技术，但秘不外传，具有一定的“技术壁垒”。

1945年以后，大多数佛山古酱园采用计提出店的办法，除固定工资外，按当月营业总额，批发部分提3%，零售部分提4%，按职务大小，以比例分发；售出的面袋、麻包、草袋等包装物，也作出店计入分配；所用原料大多从广州采购，通过经纪则需多付货价3%—5%；生姜、梅、柠檬、荞头、仁面等原料，根据收获季节及产区收购，桔水多来自东莞、番禺各糖厂。[16]

这时期的佛山古酱园产品开始注重招纸装潢与广告宣传，销售采用薄利多销、先货后钱、定期结算、回扣佣金等办法，端午、中秋、春节还给客户馈赠礼品、年终结账打折扣，以维系

---

15 《三水几代人记忆中的西南抽油以及打酱油的美好时光》，载微信公众号“三水发布（佛山）”，发布日期：2017年3月11日。

16 佛山市商业局主编《佛山市商业志》，广东科技出版社，1990，第52页。

买卖关系。[17]产品以瓦缸、瓦埕、瓦盅包装储运，后期也有用玻璃瓶、罐包装的。1947年4月16日《南海日报》详细记述了海天酱园搬迁至永安路时，开展“八折大减价七天”促销活动。

佛山海天酱油园迁址开幕大贡献。本园出品久蒙各界推崇赞美，信誉昭著，第以昔处僻隅，仍感供应未周，特将原日文昌沙营业部迁往永安路五十五号，于本月廿四日开幕，举行八折大减价七天。惠顾诸君！幸祈速玉莅临有厚望焉！（《南海日报》1947年4月16日）

杂货店经营调味品，一般以最低交易为起点，隔日包装好应市。如一分钱的豆豉、面豉、白糖、豆粉等，顾客购买，不论交易多少，掌柜收钱均随口叫唱，如“豆豉啦，两分钱！”售货员也应和唱“豆豉啦，佢卖两分钱！”谁应声，谁出货，顾客即随唱声请售货员取货，店内唱声此起彼伏，称为“唱市”。这种唱市现象，其他行业并不多见，其他地区也不普遍，成为佛山酱料销售的一大民俗特色，[18]此民俗于20世纪60年代被写单付款所替代而消失。

街担多为杂货和百货，除门市店铺外，另设货担，专人挑担穿街过巷叫卖。如佛山酱料业，店铺向酱园购进散装货品，经自行加工后，由伙计用箩筐挑着货物走街串巷推销，街担绘有商号、产品名称、产品货名、宣传标语，送货上门，定期收款，还负责回收旧瓶，销售灵活，服务周到，顾客都乐于光顾，民间称之为“通天货栈”。[19]

17　江佐中、吴英姿主编《佛山民俗文化》，广东人民出版社，2009，第54页。
18　佛山市商业局编《佛山市商业志》，广东科技出版社，1990，第53页。
19　佛山市地名志编纂委员会编《佛山市志　1979—2002》（第4册），方志出版社，2011，第2545页。

工业旅游新潮范：来佛山，打酱油

新文化不同于传统文化，并非潜移默化的文脉延续。但对于酱油企业自身而言，新文化并不是空中楼阁，它能与固有的文化传统很好地结合在一起，相互融合后再创新。

在佛山高明，全球最大的调味品生产基地里藏着一个“美味的童话世界”——娅米的阳光城堡，它是依托于佛山市海天（高明）调味食品公司生产园区建设而成的工业旅游景点项目，是全国科普教育基地、国家AAA级旅游景区，并入选首批佛山市工业旅游示范点。

娅米，即英文“yummy”，美味的意思；阳光城堡，即是表达坚持传统阳光酿晒的酿造酱油工艺，娅米的阳光城堡便是“美味的阳光城堡”。在娅米的阳光城堡，通过实景展示、超大屏幕、3D影院、4D绘画、创意设计、全息影像、古代实景雕塑等各种震撼、创新、有趣的方式方法，全面展示当代酱油企业的历史、文化、规模、生产、技术、研发等各个领域的内容。采用了年轻人喜闻乐见的方式，如动画片、3D漫画等，向大众介绍了酱油生产全过程，输送科普文化知识。

在原有的中国味文化展馆基础上，结合厂区功能分布，对工业旅游线路全新规划和品牌扩张，建设了一条长约2公里环绕整个厂区核心功能区域的空中走廊，包括“3D美味乐园”“极速灌装”“立体彩仓”“尖端品控”“灭菌澄清”“妙想天空”“旋转圆盘”“绿动未来”“沐光之谷”等，能够让游客近距离体验

全国科普教育基地：娅米的阳光城堡

酱油的酿造工艺，了解更多中国味和世界味的文化科普知识。

自2013年5月17日开馆以来，娅米的阳光城堡已累计接待数千万人次的游客。这里已经不仅是企业文化的培养与宣传阵地，更是旅游创收的重要窗口，实现了一加一大于二的收效。娅米的阳光城堡尤其适合亲子体验，在这里，大朋友和小朋友不仅可以近距离参观酱油阳光工厂，还能通过趣味科普轻松学习知识，更可以领略酱油冰激凌、酱油爆米花等特色美食的魅力，见识打酱油等传统民俗文化，已经是集合玩、学、吃三合一的大型互动博物馆，成为佛山工业旅游的新潮范。

现代酱油企业的精神内核

公私合营后的海天酱油厂，在传承茂隆酱园酱油酿造技艺精华的基础上，集海天各家酱园之长，开始创制属于自己的企业特色。这种特色不仅体现在工艺技术上，更体现在文化精神上。海天所承继的酿酱工艺，最早可追溯到茂隆酱园明代万历年间（1582年），以家族传承、师徒传承的模式延续，至今已传承数代。因古酱园时期历史发展变迁，资料信息难以考证，目前海天可追溯到最早的传承谱系倒数第六代传承人许嘉宠，倒数第五代传承人许放、许栋，倒数第四代传承人潘来灿，倒数第三代传承人庞康先生，即海天味业现任董事长。前人启后，后人承前，积极改革，大胆创新，以艰苦奋斗、开放包容的企业精神，推动海天味业向现代企业转型发展。

合营企业差距较大，大户有数十人，小的小到无雇工和夫妻店，有的经营历史较长，有的开业不久，故盈亏情况和工资却是悬殊较大，全业最高工资有124.4元，最低24元，平均56.10元，而且有些没有定放工资的时间，只是随时需要便支取，职工生活难以安排。

海天酱油厂在对私改造中诞生，在“艰苦创业”中壮大成长。场地分散和不足成为合营初期生产发展的严重阻碍，1958年几经商议，选定文昌沙二工场为厂址。1958年10月，全厂开展大战高岗墩的艰苦劳动，“大战高岗墩，向鬼神进军”，人们白天搞生产，晚上挑灯夜战搞建设，一片野草丛生，棺木重叠的乱葬岗被夷为平地，成为新的工厂区域，改变了工场分散的局面，扩大了工厂场地。

1959年，海天酱油厂的工厂刚刚集中于文昌沙的时候，仅有几间简陋平房，不足500平方米。由于当时资金不足，为解决生

产的需要，海天人发扬南泥湾精神，以沥青纸代瓦，在西区因陋就简地建造了一个375平方米的曲室和272平方米的简易仓库，曲室夏不通风，冬不保暖，生产条件十分简陋，海天味业如今的厂房建设就是从这间简易平房迈出第一步的。这是中国企业艰苦奋斗精神的真实写照，也传承和激励着一代又一代的海天人。

20世纪80年代初，茂名市酱料厂等企业由于产能不足，派技术人员到佛山学习“低盐发酵工艺”酱油制作新技术，淘汰沿用了几百年的“自然发酵法”，提高了产油率和产品质量，研制出生抽王、草菇老抽、沙羌抽、老抽太油等新产品。体现了海天味业开放、包容的企业精神。

根据原海天员工回忆，计划经济时代，海天酱油十分紧俏，这与当时海天酱油厂的酱油在商业部门店没有出售有很大关系。

由于当时中国95%的酱油厂是商办的，海天酱油厂（时称珠江酱油厂）等极少数的酱油厂属于工业线，而商业门店都归商业部门管，自然只出售商办的酱油，所以要想吃上“珠江桥牌生抽王”，就要到各个单位的门市部购买。

那时候，广州人到佛山公干，都会随身带上一个大胶罐，办完公事就买上满满一罐散装酱油带回家，成为一景。有熟人在佛山的，就会千方百计地托他们来广州时给顺便带上一罐酱油。

逢年过节，海天酱油厂门前便会大塞车。广州市很多单位都会派车前来采购酱油，作为职工的应节礼物。由于草菇老抽在河南市场销路不错，过年前货源紧张，每到此时，河南某市的县委书记、县长、商业局局长甚至都会亲自出马来“办年货”，希望能保证当地市民的酱油供应。

对于酱油厂的职工来说，酱油无疑成为了名副其实的送礼佳品，馈赠朋友、拜访亲戚，拎上两瓶酱油，很有面子。20世纪80年代，过年都会发5瓶酱油与职工，但是他们自己总是舍不得吃，而去买散装的，体面的瓶装酱油就省下来作为礼品送人。[20]

今天，酱油依然是送礼佳品，除了它的必需性、实用性之外，颇为“高大上”的调味品礼盒美观大方，受到越来越多人的追捧，造就了新的风尚。

如今，海天味业是中华人民共和国商务部公布的首批“中华老字号”（2006）企业之一，在我国调味业中最早获得“驰名商标”称号，是我国唯一集“中国驰名商标”“国家免检产品”“中国名牌产品”“最具市场竞争力品牌”等国家重量级认证于一身的调味品企业，还被中国质量检验协会评为“质量达标放心品牌”。海天味业在坚持佛山古酱园古法工艺的基础上坚持研发、敢于超越、不断创新，满足消费者需求，其生产的产品涵盖酱油、蚝油、调味酱、醋、料酒、调味汁、鸡精、鸡粉、腐乳、火锅底料等十几大系列800多个规格和品种，远销100多个国家和地区。

酱油，作为中华文化中独有的调味品，它的工匠精神和酿造工艺是中国智慧的一种体现。作为中国酱油行业的“民族之光”，海天味业必将继续书写中华老字号的新传奇，并以酱油为载体，向世界弘扬和传递中华美食文化。

20　《南方都市报》珠三角新闻专刊部编《百年佛山》，广东旅游出版社，2005，第136页。